January 18, 1999

What do I consider my most important Contributions?

- That I early on—almost sixty years ago—realized that MANAGEMENT has become the constitutive organ and function of the Society of Organizations;
- That MANAGEMENT is not "Business Management- though it first attained attention in business- but the governing organ of ALL institutions of Modern Society;
- That I established the study of MANAGEMENT as a DISCIPLINE in its own right;

and

- That I focused this discipline on People and Power; on Values; Structure and Constitution; AND ABOVE ALL ON RESPONSIBILITIES- that is focused the Discipline of Management on Management as a truly LIBERAL ART.

Peter F. Drucker

我认为我最重要的贡献是什么？

- 早在60年前，我就认识到管理已经成为组织社会的基本器官和功能；
- 管理不仅是“企业管理”，而且是所有现代社会机构的管理器官，尽管管理最初侧重于企业管理；
- 我创建了管理这门独立的学科；
- 我围绕着人与权力、价值观、结构和方式来研究这一学科，尤其是围绕着责任。管理学科是把管理当作一门真正的人文艺术。

彼得·德鲁克

1999年1月18日

注：资料原件打印在德鲁克先生的私人信笺上，并有德鲁克先生亲笔签名，现藏于美国德鲁克档案馆。为纪念德鲁克先生，本书特收录这一珍贵资料。本资料由德鲁克管理学专家那国毅教授提供。

彼得·德鲁克和妻子多丽丝·德鲁克

德鲁克妻子多丽丝寄语中国读者

在此谨向广大的中国读者致以我诚挚的问候。本丛书深入介绍了德鲁克在管理领域方面的多种理念和见解。我相信他的管理思想得以在中国广泛应用，将有赖于出版及持续的教育工作，从而令更多人受惠于他的馈赠 。

盼望本丛书可以激发各位对构建一个令人憧憬的美好社会的希望，并推动大家在这一过程中积极发挥领导作用，他的在天之灵定会备感欣慰。

Doris Drucker

注：本页照片和多丽丝寄语原文与亲笔签名由北京光华博雅管理研修学院提供。

功能社会

德鲁克自选集

［美］彼得·德鲁克 著

慈玉鹏 译

A Functioning Society

Selections from Sixty-Five Years of Writing on Community, Society, and Polity

彼得·德鲁克全集

机械工业出版社
CHINA MACHINE PRESS

图书在版编目（CIP）数据

功能社会：德鲁克自选集 /（美）彼得·德鲁克（Peter Drucker）著；慈玉鹏译．-- 北京：机械工业出版社，2022.1（2025.1 重印）
（彼得·德鲁克全集）
书名原文：A Functioning Society: Selections from Sixty-Five Years of Writing on Community, Society, and Polity
ISBN 978-7-111-69628-5

Ⅰ.①功…　Ⅱ.①彼…②慈…　Ⅲ.①人类生态学 - 文集　Ⅳ.①Q988-53

中国版本图书馆 CIP 数据核字（2021）第 261496 号

北京市版权局著作权合同登记　图字：01-2005-4386 号。

本书两面插页所用资料由彼得·德鲁克管理学院和那国毅教授提供。封面中签名摘自德鲁克先生为彼得·德鲁克管理学院的题词。

功能社会：德鲁克自选集

出版发行：机械工业出版社（北京市西城区百万庄大街 22 号　邮政编码：100037）

责任编辑：李文静　闫广文	责任校对：殷　虹
印　　刷：固安县铭成印刷有限公司	版　　次：2025 年 1 月第 1 版第 3 次印刷
开　　本：170mm×230mm　1/16	印　　张：17.25
书　　号：ISBN 978-7-111-69628-5	定　　价：79.00 元

客服电话：（010）88361066　88379833　68326294

目 录

第七部分 | 新社会

| 推荐序一 |

功能正常的社会和博雅管理

为“彼得·德鲁克全集”作序

享誉世界的“现代管理学之父”彼得·德鲁克先生自认为，虽然他因为创建了现代管理学而广为人知，但他其实是一名社会生态学家，他真正关心的是个人在社会环境中的生存状况，管理则是新出现的用来改善社会和人生的工具。他一生写了39本书，只有15本书是讲管理的，其他都是有关社群（社区）、社会和政体的，而其中写工商企业管理的只有两本书（《为成果而管理》和《创新与企业家精神》）。

德鲁克深知人性是不完美的，因此他认为人所创造的一切事物，包括人所设计的社会，也不可能完美。他对社会的期待和理想并不高，那只是一个较少痛苦，还可以容忍的社会。不过，它还是要有基本的功能，为生活在其中的人提供可以正常生活和工作的条件。这些功能或条件，就好像一个生命体必须具备的正常生命特征，没有它们社会也就不成其为社会了。值得留意的是，社会并不等同于“国家”，因为“国”（政府）和“家”（家庭）不可能提供一个社会全部必要的职能。在德鲁克眼里，功能正常的社会至少要由三大类组织组成——政府、企业和非营利组织，它们各自发挥不同性质的作用，每一类、每一个组织中都要有能解决问题、令组织创造出独特绩效的权力中心和决策机制，其权力中心和决策机制要同时让组织里的每个人各得其所，既有所担当、做出贡献，又得到生计和身份、地位。这些在过去的国家中从来没有过的权力中心和决策机制，或者说新的“政体”，就是“管理”。德鲁克把企业和非营利组织中的管理体制与政府的统治体制统称为“政体”，是因为它们都掌握权力，但是，这是两种性质截然不同的权力。企业和非营利组织所掌握的，是为了提供特定的产品和服务而调配社会资源的权力，政府所拥有的，则是涉及整个社会公平的维护、正义的裁夺和干预的权力。

在美国克莱蒙特大学附近，有一座小小的德鲁克纪念馆。走进这座用他的故居改成的纪念馆，正对客厅入口的显眼处有一段他的名言：

> 在一个由多元的组织所构成的社会中，使我们的各种组织机构负责任地、独立自治地、高绩效地运作，是自由和尊严的唯一保障。有绩效的、负责任的管理是对抗和替代极权专制的唯一选择。

当年纪念馆落成时，德鲁克研究所的工作人员问自己，如果要从德鲁克的著作中找出一段精练的话，来概括这位大师的毕生工作对我们这个世界的意义，会是什么。他们最终选用了这段话。

如果你了解德鲁克的生平，了解他的基本信念和价值观形成的过程，你一定会同意他们的选择。从他的第一本书《经济人的末日》到他独自完成的最后一本书《功能社会》之间，贯穿着一条抵制极权专制、捍卫个人自由和尊严的主线。这里极权的极是极端的极，不是集中的集。极权和集权，两个词虽只有一字之差，其含义却有着重大区别。人类历史上由来已久的中央集权统治直到20世纪才有条件变种成极权主义。极权主义所谋求的，是从肉体到精神，全面、彻底地操纵和控制人类的每一个成员，把他们改造成实现个别极权主义者梦想的人形机器。20世纪给人类带来最大灾难和伤害的战争与运动，都是极权主义的“杰作”，德鲁克在青年时代所经历的希特勒纳粹主义正是其中之一。要了解德鲁克的经历怎样影响了他的信念和价值观，最好去读他的《旁观者》；要弄清什么是极权主义以及为什么大众会拥护它，可以去读汉娜·阿伦特1951年出版的《极权主义的起源》。

好在历史的演变并不总是令人沮丧。工业革命以来，特别是从1800年开始，最近这200多年来生产力加速提高，不但造就了物质的极大丰富，还带来了社会结构的深刻改变，这就是德鲁克早在80年前就敏锐地洞察到和指出的多元的、组织型的新社会的形成：新兴的企业和非营利组织填补了由来已久的“国”（政府）和“家”（家庭）之间的断层和空白，为现代国家提供了真正意义上的种种社会功能。在这个基础上，教育的普及和知识工作者的崛起，正在造就知识经济和知识社会，而信息科技成为这一切变化的加速器。要特别说明，“知识工作者”是德鲁克创造的一个称谓，泛指具备和应用专门知识从事生产工作，为社会创造出有用的产品和服务的人群，既包括企业家和在任何机构中的管理者、专业人士和技工，也包括社会上的独立执业人士，如会计师、律师、咨询师、培训师等。在21世纪的今天，由于知识的应用领域一再被扩大，个人和个别机构不再是孤独无助的，他们因为掌握了某项知识，就拥有了选择的自由和影响他人的权力。知识工作者和由他们组成的知识型组织不再是传统的知识分子和组织。

知识工作者最大的特点就是他们的独立自主，可以主动地整合资源、创造价值，促成经济、社会、文化甚至政治层面的改变，而传统的知识分子只能依附于当时的统治当局，在统治当局提供的平台上才能有所作为。这是一个划时代的、意义深远的变化，这个变化不仅发生在西方发达国家，也发生在发展中国家。

在一个由多元组织构成的社会中，拿政府、企业和非营利组织这三类组织相互比较，企业和非营利组织因为受到市场、公众和政府的制约，它们的管理者不可能像政府那样走上极权主义统治，这是它们在德鲁克看来比政府更重要、更值得寄予希望的原因。尽管如此，它们仍然可能因为管理缺位或者管理失当，例如官僚专制，不能达到德鲁克期望的“负责任地、高绩效地运作”，从而为极权专制垄断社会资源让出空间、提供机会。在所有组织中，包括在互联网时代虚拟的工作社群中，知识工作者的崛起既为新的管理方式提供了基础和条件，也对传统的“胡萝卜加大棒”管理方式带来了挑战。德鲁克正是因应这样的现实，研究、创立和不断完善现代管理学的。

1999年1月18日，德鲁克接近90岁高龄，在回答“我最重要的贡献是什么”这个问题时，他写了下面这段话：

> 我着眼于人和权力、价值观、结构和规范来研究管理学，而在所有这些之上，我聚焦于“责任”，那意味着我把管理学当作一门真正的“博雅技艺”来看待。

给管理学冠上“博雅技艺”的标识是德鲁克的首创，反映出他对管理的独特视角，这一点显然很重要，但是在他众多的著作中却没找到多少这方面的进一步解释。最完整的阐述是在他的《管理新现实》一书第 15 章第五小节，这节的标题就是“管理是一种博雅技艺”：

> 30 年前，英国科学家兼小说家斯诺（C. P. Snow）曾经提到当代社会的“两种文化”。可是，管理既不符合斯诺所说的“人文文化”，也不符合他所说的“科学文化”。管理所关心的是行动和应用，而成果正是对管理的考验，从这一点来看，管理算是一种科技。可是，管理也关心人、人的价值、人的成长与发展，就这一点而言，管理又算是人文学科。另外，管理对社会结构和社群（社区）的关注与影响，也使管理算得上是人文学科。事实上，每一个曾经长年与各种组织里的管理者相处的人（就像本书作者）都知道，管理深深触及一些精神层面关切的问题——像人性的善与恶。
>
> 管理因而成为传统上所说的“博雅技艺”（liberal art）——是“博雅”（liberal），因为它关切的是知识的根本、自我认知、智慧和领导力，也是“技艺”（art），因为管理就是实行和应用。管理者从各种人文科学和社会科学中——心理学和哲学、经济学和历史、伦理学，以及从自然科学中，汲取知识与见解，可是，他们必须把这种知识集中在效能和成果上——治疗病患、教育学生、建造桥梁，以及设计和销售容易使用的软件程序等。

作为一个有多年实际管理经验，又几乎通读过德鲁克全部著作的人，我曾经反复琢磨为什么德鲁克要说管理学其实是一门“博雅技艺”。最终，我意识到这并不仅仅是一个标新立异的溢美之举，而是在为管理定性，它揭示了管理的本质，提出了所有管理者努力的正确方向。这至少包括了以下几重含义：

第一，管理最根本的问题，或者说管理的要害，就是管理者和每个知识工作者怎么看待与处理人和权力的关系。德鲁克是一位基督徒，他的宗教信仰和他的生活经验相互印证，对他的研究和写作产生了深刻的影响。在他看来，人是不应该有权力（power）的，只有造人的上帝或者说造物主才拥有权力，造物主永远高于人类。归根结底，人性是软弱的，经不起权力的引诱和考验。因此，人可以拥有的只是授权（authority），也就是人只是在某一阶段、某一事情上，因为所拥有的品德、知识和能力而被授权。不但任何个人是这样，整个人类也是这样。民主国家中“主权在民”，但是人民的权力也是一种授权，是造物主授予的，人在这种授权之下只是一个既有自由意志又要承担责任的“工具”，是造物主的工具而不能成为主宰，不能按自己的意图去操纵和控制自己的同类。只有认识到这一点，人才会谦卑而且有责任感，才会以造物主才能够掌握而人类只能被其感召和启示的公平正义去时时检讨自己，也才会甘愿把自己置于外力强制的规范和约束之下。

第二，尽管人性是不完美的，但是人彼此平等，都有自己的价值，都有自己的创造能力，都有自己的功能，都应该被尊敬，而且都应该被鼓励去创造。美国的《独立宣言》和宪法中所说的“人生而平等”“每个人都有与生俱来、不证自明的权利（rights)”，正是从这一信念而来的，这也是德鲁克的管理学之所以可以有所作为的根本依据。管理者是否相信每个人都有善意和潜力？是否真的对所有人都平等看待？这些基本的或者说核心的价值观和信念，最终决定他们是否能和德鲁克的学说发生感应，是否真的能理解和实行它。

第三，在知识社会和知识型组织里，每一个工作者在某种程度上，都既是知识工作者，也是管理者，因为他可以凭借自己的专门知识对他人和组织产生权威性的影响——知识就是权力。但是，权力必须和责任捆绑在一起。而一个管理者是否负起了责任，要以绩效和成果做检验。凭绩效和成果问责的权力应当是正当和合法的权力，也就是授权，否则就成了德鲁克所坚决反对的强权（might）。绩效和成果之所以重要，是因为它们不但在经济和物质层面，而且在心理层面，都会对人们产生影响。管理者和领导者如果持续不能解决现实问题，大众在彻底失望之余，会转而选择去依赖和服从强权，同时甘愿交出自己的自由和尊严。这就是为什么德鲁克一再警告，如果管理失败，极权主义就会取而代之。

第四，除了让组织取得绩效和成果，管理者还有没有其他的责任？或者换一种说法，绩效和成果仅限于可量化的经济成果和财富吗？对一家工商企业来说，除了为客户提供价廉物美的产品和服务、为股东赚取合理的利润，能否同时成为一个良好的、负责任的“社会公民”，能否同时帮助自己的员工在品格和能力两方面都得到提升呢？这似乎是一个太过苛刻的要求，但它是一个合理的要求。我个人在十多年前，和一家这样要求自己的后勤服务业的跨国公司合作，通过实践认识到这是可能的。这意味着我们必须学会把伦理道德的诉求和经济目标，设计进同一个工作流程、同一套衡量系统，直至每一种方法、工具和模式中。值得欣慰的是，今天有越来越多的机构开始严肃地对待这个问题，在各自的领域做出肯定的回答。

第五，“作为一门博雅技艺的管理”或称“博雅管理”，这个讨人喜爱的中文翻译有一点儿问题，从翻译的“信、达、雅”这三项专业要求来看，雅则雅矣，信则不足。liberal art 直译过来应该是“自由技艺”，但最早的繁体字中文版译成了“博雅艺术”，这可能是想要借助它在汉语中的褒义，我个人还是觉得“自由技艺”更贴近英文原意。liberal 本身就是自由之意。art 可以译成艺术，但管理是要应用的，是要产生绩效和成果的，所以它首先应该是一门“技能”。此外，管理的对象是人们的工作，和人打交道一定会面对人性的善恶，面对人的千变万化的意念——感性的和理性的，从这个角度来看，管理又是一门涉及主观判断的“艺术”。所以，art 其实更适合解读为“技艺”。liberal——自由，art——技艺，把两者合起来就是“自由技艺”。

最后我想说的是，我之所以对 liberal art 的翻译这么咬文嚼字，是因为管理学并不像人们普遍认为的那样，是一个人或者一个机构的成功学。它不是旨在让一家企业赚钱，在生产效率方面达到最优，也不是旨在让一家非营利组织赢得道德上的美誉。它旨在让我们每个人都生存在其中的人类社会和人类社群（社区）更健康，使人们较少遭受伤害和痛苦。它旨在让每个工作者，按照他与生俱来的善意和潜能，自由地选择他自己愿意在这个社会或社区中所承担的责任；自由地发挥才智去创造出对别人有用的价值，从而履行这样的责任；在这样一个创造性工作的过程中，成长为更好和更有能力的人。这就是德鲁克先生定义和期待的，管理作为一门“自由技艺”（或者“博雅管理”）的真正的含义。

邵明路

彼得·德鲁克管理学院创办人

| 推荐序二 |

跨越时空的管理思想

20多年来，机械工业出版社关于德鲁克先生著作的出版计划在国内学术界和实践界引起了极大的反响，每本书一经出版便会占据畅销书排行榜，广受读者喜爱。我非常荣幸，一开始就全程参与了这套丛书的翻译、出版和推广活动。尽管这套丛书已经面世多年，然而每次去新华书店或是路过机场的书店，总能看见这套书静静地立于书架之上，长盛不衰。在当今这样一个强调产品迭代、崇尚标新立异、出版物良莠难分的时代，试问还有哪些书能做到这样呢？

如今，管理学研究者们试图总结和探讨中国经济与中国企业成功的奥秘，结论众说纷纭，莫衷一是。我想，企业成功的原因肯定是多种多样的。中国人讲求天时、地利、人和，缺一不可，其中一定少不了德鲁克先生著作的启发、点拨和教化。从中国老一代企业家（如张瑞敏、任正非）及新一代的优秀职业经理人（如方洪波）的演讲中，我们常常可以听到来自先生的真知灼见。在当代管理学术研究中，我们也可以常常看出先生的思想指引和学术影响。我常常对学生说，当你不能找到好的研究灵感时，可以去翻翻先生的著作；

当你对企业实践困惑不解时，也可以把先生的著作放在床头。简言之，要想了解现代管理理论和实践，首先要从研读德鲁克先生的著作开始。基于这个原因，1991 年我从美国学成回国后，在南京大学商学院图书馆的一角专门开辟了德鲁克著作之窗，并一手创办了德鲁克论坛。至今，我已在南京大学商学院举办了 100 多期德鲁克论坛。在这一点上，也要感谢机械工业出版社为德鲁克先生著作的翻译、出版和推广付出的辛勤努力。

在与企业家的日常交流中，当发现他们存在各种困惑的时候，我常常推荐企业家阅读德鲁克先生的著作。这是因为，秉持奥地利学派的一贯传统，德鲁克先生总是将企业家和创新作为著作的主题之一。他坚持认为："优秀的企业家和企业家精神是一个国家最为重要的资源。"在企业发展过程中，企业家总是面临着效率和创新、制度和个性化、利润和社会责任、授权和控制、自我和他人等不同的矛盾或冲突。企业家总是在各种矛盾或冲突中成长和发展。现代工商管理教育不但需要传授建立现代管理制度的基本原理和准则，也要培养一大批具有优秀管理技能的职业经理人。一个有效的组织既离不开良好的制度保证，也离不开有效的管理者，两者缺一不可。这是因为，一方面，企业家需要通过对管理原则、责任和实践进行研究，探索如何建立一个有效的管理机制和制度，而衡量一个管理制度是否有效的标准就在于该制度能否将管理者个人特征的影响降到最低限度；另一方面，一个再高明的制度，如果没有具有职业道德的员工和管理者的遵守，也很容易土崩瓦解。换言之，一个再高效的组织，如果缺乏有效的管理者和员工，组织的效率也不可能得到实现。虽然德鲁克先生的大部分著作是有关企业管理的，但是我们可以看到自由、成长、创新、多样化、多元化的思想在其著作中是一以贯之的。正如德鲁克在《旁观者》一书的序言中所阐述的，“未来是‘有机体’的时代，由任务、目的、策略、社会的和外在的环境所主导”。很多人喜欢德鲁克提出的概念，但是德鲁克说，“人比任何概念都有趣多了”。德鲁克本人虽然只是管理的旁观者，但是他对企业家工作的理解、对管理本质的洞察、对人性复杂性的观察，鞭辟入里、入木三分，这也许就是企业家喜爱他的著作的原因吧！

德鲁克先生从研究营利组织开始，如《公司的概念》（1946 年），到研究非营利组织，如《非营利组织的管理》（1990 年），再到研究社会组织，如《功能社会》（2002 年）。虽然德鲁克先生的大部分著作出版于 20 世纪六七十年代，然而其影响力却历久弥新。在他的著作中，读者很容易找到许多最新的管理思想的源头，同时不难获悉许多在其他管理著作中无法找到的“真知灼见”，从组织的使命、组织的目标以及工商企业与服务机构的异同，到组织绩效、富有效率的员工、员工成就、员工福利和知识工作者，再到组织的社会影响与社会责任、企业与政府的关系、管理者的工作、管理工作的设计与内涵、管理人员的开发、目标管理与自我控制、中层管理者与知识型组织、有效决策、管理沟通、管理控制、面向未来的管理、组织的架构与设计、企业的合理规模、多元化经营、多国公司、企业成长和创新型组织等。

30 多年前在美国读书期间，我就开始阅读先生的著作，学习先生的思想，并聆听先生的课堂教学。回国以后，我一直把他的著作放在案头。尔后，每隔一段时间，每每碰到新问题，就重新温故。令人惊奇的是，随着阅历的增长、知识的丰富，每次重温的时候，竟然会生出许多不同以往的想法和体会。仿佛这是一座挖不尽的宝藏，让人久久回味，有幸得以伴随终生。一本著作一旦诞生，就独立于作者、独立于时代而专属于每个读者，不同地理区域、不同文化背景、不同时代的人都能够从中得到启发、得到教育。这样的书是永恒的、跨越时空的。我想，德鲁克先生的著作就是如此。

特此作序，与大家共勉！

南京大学人文社会科学资深教授、商学院名誉院长

博士生导师

2018年10月于南京大学商学院安中大楼

| 引　言 |

社区、社会与政体

我被公认为管理作家（尤其是在美国），但管理既不是我最早的也不是最主要的关注对象。我之所以对管理感兴趣，是由于研究社区与社会。

实际上，我的大部分著作旨在研究社区、社会与政体，而不是管理。在我出版的 15 本关于管理的著作中，也仅有 2 本研究“企业管理”，分别为 1964 年出版的《为成果而管理》（该书是最早研究数年后流行的“战略”问题的书）和 1985 年出版的《创新与企业家精神》。我的所有其他管理著作都研究“作为**人类成就**的公司”和“作为**社会性组织**的公司”。这是我在 1946 年出版的《公司的概念》（我的第一本研究公司的著作）中两个主要部分的标题，本书第五部分从中摘录了部分内容。

我对社区、社会与政体问题的关注和兴趣可以一直追溯到 1927 年和 1928 年。1927 年，我从家乡维也纳的高中[1]毕业后，到德国汉堡的一家出口公司实习，同时进入当地一所大学的法律系学习。

[1] 高中（gymnasium），奥地利的一种中学，强调希腊语、拉丁语、英语、法语、科学等学科的教育，在其他欧洲国家也有类似的学校。——译者注

在这家公司，我早晨 7 点上班，下午 3 点或 3 点半下班，具体工作既不刺激又不费力，主要是把发票上的内容誊写到分类账簿上。那所大学在下午 4 点以后很少安排课程，而我的学生证仅能让我每周获得一张市立剧院或歌剧院的免费门票。因此，我下午和晚上的大部分自由时间都在极完善的多语种公共图书馆阅读。

1929 年初我离开了汉堡，在那里的十五六个月是我真正接受教育的时光。我在公共图书馆通过阅读学到的知识，比通过长达 12 年的中小学教育学到的多得多，也比后来在读大学的数年时间内学到的多。

当时我如饥似渴地阅读，没有计划，也没有方向，但我发现自己越来越被政治理论、社会理论、政策方面的著作吸引。在那段时光中，我囫囵吞枣般地阅读了数百本著作，其中两本可谓永久地改变了我的一生：一本是埃德蒙·柏克[一]于 1790 年出版的《法国大革命反思录》，另一本是德国社会学家斐迪南·滕尼斯[二]于 1887 年出版的经典著作《社区与社会》。

自从第一次世界大战和俄国革命以来，德国甚至整个欧洲大陆都进入了一段革命时期，当时，我们每个年轻人都**知道**，只有 1914 年之前长大成年的人才会觉得有可能恢复“战前”时光，并且确实希望如此。柏克在《法国大革命反思录》中提出的主要论点是：在这段时期，找到**连续**与**变革**之间的平衡是政界和政治人物的首要任务。出版 140 年之后，该书与 18 岁的我产生了强烈共鸣。这个论点立刻成为我自己的政治态度、世界观以及后来所有作品的中心论点。

㊀ 埃德蒙·柏克（Edmund Burke，1729—1797），英国政治思想家，保守主义的开创者，他重视传统，强调经验，维护自由，反对法国式暴力革命。——译者注

㊁ 斐迪南·滕尼斯（Ferdinand Toennies，1855—1936），德国社会学家，参与创办德国社会学会，1909 ～ 1933 年任该学会会长，最著名的贡献是区分“社区”与“社会”。——译者注

滕尼斯的《社区与社会》同样对我产生了深刻的影响。我读这本书时，他本人已经退休，依然健在。滕尼斯于1936年去世，享年81岁。当时这本书已经出版了近50年。即使在一名懵懵懂懂的18岁青年眼中，滕尼斯希望通过著书立说拯救的“有机”社区（前工业时代的农村共同体），也显然已经一去不复返了，完全没有任何复兴的迹象。

在接下来的几年中，随着在社区与社会领域工作的开展，我对二者的看法变得与滕尼斯截然不同。他的观点源自18世纪前工业时期的德国浪漫主义[一]，实际上是前资本主义的观点，而我从中学到的（且永远不会忘记的）是对社区与社会的需求：个人在社区中获得地位，在社会中发挥功能。

几年后，在1931~1932年，我到法兰克福一家大报社担任资深专栏作家。那时我已拿到国际法与政治理论的博士学位，并担任国际法和法理学专题研讨会的博士后助理，正为取得大学的专门授课资格（habilation）做准备——那时无报酬的讲师职位是（现在仍然是）欧洲大陆国家学术阶梯的起点。实际上，我用来取得资格的作品大纲已获得大学相关委员会认可，该作品探讨了**“法治国”**[二]（英语中最接近的说法是“依法治国”（state under the law））理念的起源与三位德国政治思想家的关系。1800~1850年，这三位思想家提出了法治国理论，从而为俾斯麦[三]1871年统一德意志并设计独特的宪法奠定了基础。我的这一作品大体上是一本

[一] 浪漫主义（romanticism），一场艺术、文学、音乐和知识领域的运动，兴起于18世纪后期的欧洲，19世纪前期达到高峰，基本特征在于强调情感、个人主义，讴歌过去和自然。——译者注

[二] 法治国（rechtsstaat），起源于德国，该理念认为法律由作为主权者的立法者制定，并非自然正义的产物，最高立法者完全不受任何更高级法律的束缚，因此“法治国”与英美的“法治国家”存在根本区别。——译者注

[三] 俾斯麦（Otto Bismarck，1815—1898），1862年担任普鲁士首相兼外交大臣，推行铁血政策，统一德意志，1871年建立德意志第二帝国并任宰相，1890年辞职。——译者注

思想史著作，主题是这几位思想家追求（各自的方式截然不同）的连续与变革之间的平衡，具体而言：一方面是18世纪前工业的、乡村的、牢固的君主制社会与政体，另一方面是由法国大革命、拿破仑战争㊀、城市化、资本主义、工业革命创造的世界。以法国为例，这种平衡直到100年后的戴高乐㊁时期才得以实现。

这本著作唯一完成的部分是一篇关于上述三人中最后一位（弗里德里希·斯塔尔㊂）的短文。我之所以仅仅发表了这篇短文，是因为斯塔尔担任普鲁士保守党领导人的时间长达30年，是一位受过洗礼的犹太人——顺便说一句，斯塔尔的角色与英国维多利亚时代㊃另一位受过洗礼的犹太人迪斯雷利㊄并无太大不同。而且，这篇短文聚焦于伟大的保守党领导者斯塔尔，在我看来是对纳粹的直接抨击——让我高兴的是，纳粹官员完全理解我的意图。此文撰写于1932年夏天，同年底，德国最负盛名的政治理论、社会学、法学出版商莫尔出版社（位于图宾根㊅）同意发表，最终正式发表于1933年4月（也就是希特勒上台两个月后），名列著名的“法律和政府的历史与现状”系列第100号——这是一项莫大的荣誉。但此文很快就被纳

㊀ 拿破仑战争（Napoleonic Wars），拿破仑统治时期爆发的战争，在1815年的滑铁卢战役中，拿破仑军队被彻底击败，战争结束。——译者注

㊁ 戴高乐（Charles de Gaulle，1890—1970），法国总统（1959—1969），在第二次世界大战期间领导自由法国运动，1958年主导制定新宪法，成立法兰西第五共和国。——译者注

㊂ 弗里德里希·斯塔尔（Friedrich Stahl，1802—1861），德国政治哲学家，犹太人，但转信路德宗。——译者注

㊃ 维多利亚时代（Victorian），英国维多利亚女王在位时期，具体是从1837年6月20日至1901年1月22日，这也是大英帝国的黄金时代。——译者注

㊄ 本杰明·迪斯雷利（Benjamin Disraeli，1804—1881），英国保守党首相（1868、1874～1880），犹太人，对外实行帝国主义政策，对内推行民主，塑造了第二次世界大战前英国在世界上的角色。——译者注

㊅ 图宾根（Tübingen），德国巴登-符腾堡州的城市，图宾根行政区和图宾根县的首府。——译者注

粹政府查禁，所有副本都被销毁。

直到去年[㊀]夏天，2002 年 7/8 月的《社会》杂志在“政府与历史发展的保守理论”栏目中发表了这篇旧作的英文版。

纳粹的上台，显然表明德国未能成功地保持连续，所以我放弃了撰写“法治国”著作的计划。

然后，我开始撰写一本解释极权主义兴起（即欧洲社会全面崩溃）的著作。这就是我出版的第一本著作——《经济人的末日》，1938 年底在英国出版，1939 年初在美国出版，本书第二部分从中摘录了部分内容。

《经济人的末日》得出的结论如下：无论是纳粹主义还是墨索里尼的法西斯主义，所有极权主义注定会失败。这个结论在当时并没有被普遍接受，但我继续思考：什么将会并可能取代滕尼斯所谓的乡村社会的“有机”社区？在工业时代，什么可以再次把个人、社区与社会整合起来？这就是我的第二本书《工业人的未来》的主题。在 1940 ～ 1941 年我撰写这本书期间，第二次世界大战已经在欧洲全面爆发，而美国正逐步走向参战。1942 年初，《工业人的未来》顺利出版，本书的序言和第一部分从中摘录了若干内容。在撰写《工业人的未来》的过程中，我开始认识到，在工业社会和民族国家中，一种全新的、史无前例的社会组织正在迅速发展，并成为全新的、史无前例的权力中心。第一个也是最明显的是商业公司，它发明于 1860 年或 1870 年左右，并且的确没有任何真正的先例。我开始认识到管理是一种新的社会功能，并且是这种新型组织的一般功能。这引导我出版了第三本书《公司的概念》，该书撰写于 1943 ～ 1944 年，出版于 1946 年初，也就是日本无条件投降、第二次世界大战结束的几个月之

㊀ 经核实，此处应为“今年”。——译者注

后，本书第五部分从中摘录了少量内容。随后的几年，我认识到公司仅仅是工业社会中最早出现的此类新型组织，实际上每个组织本身都是自治的权力中心，整个社会正逐步成为“组织社会”，这正是本书第 10 章的标题。

我也开始认识到，不同于先前的权力中心，每个这种新型组织都基于知识，并导致社会和经济迅速转变为知识社会与知识经济，知识工作者成为人口和劳动力的主体。本书第四部分和第六部分从相关作品中摘录了有关此类主题的部分内容。自从《公司的概念》出版以来，我已经在关于社区、社会与政体的著作和关于管理的著作之间交替耕耘了 50 多年。

在为这本《功能社会》选择摘录内容时，我遵循的原则是主题而不是发表或出版的时间。本书中的内容之所以被选中，是因为在我看来它们都阐述了一个基本主题。相较于有关著作中的原文，我对部分摘录的内容仅简单地做了删节，但没有改动文本，没有添加内容，也没有进行修改。每一章都注明了出版时间，因此读者需要注意，若从 1957 年出版的作品中摘录的内容提到“3 年前”，那么它指的就是 1954 年。此外，我始终认为一部作品不仅应传递信息，还应通俗易懂，最好能使阅读成为一种享受。

彼得·德鲁克

克莱蒙特，加利福尼亚

2002 年夏

致 谢

我的朋友、编辑霍洛维茨[1]教授促成了本书的整理出版，他是一位杰出的社会学家和思想史学家、Transaction出版社的总裁兼编辑主任、《社会》杂志的发行人兼编辑。多年来，他始终督促我把有关社区、社会与政体的作品选编为一本文集。在本书内容的选择和编辑方面，他都帮了很大的忙。读者和我应该对霍洛维茨教授深表感谢。

此外，我还要感谢长期以来一直担任我的日文编辑和译者的上田惇生[2]教授。1998年，他独立提出选编三卷本《德鲁克精华》（*Essential Drucker*）的想法：第一卷聚焦于“个人”，第二卷聚焦于“管理”，第三卷聚焦于“社会”。这套三卷本著作的日文版于2000年出版。后来，该著作的多种译本还在韩国、中国、阿根廷、墨西哥、西班牙、巴西等国家出版。2001年，一卷本的《组织的管理》

---

[1] 霍洛维茨（Irving Louis Horowitz，1929—2012），美国社会学家，是《社会》杂志的创始编辑，也是Transaction协会的创始主席，该协会下属的Transaction出版社是学术著作的国际出版商。——译者注

[2] 上田惇生（1938—2019），曾任日本政府宣传部长、国际经济部次长及多所大学的教授，他把德鲁克的主要著作译成日文，被德鲁克称为“最亲密的朋友”“在日本的分身”。——译者注

（采用上田惇生教授最初为日文版选编的第二卷）在美国和英国以英文出版，后来，该书在斯堪的纳维亚半岛国家、荷兰、波兰、捷克、德国、法国、意大利翻译出版。

本书中采用了若干（非常少的）上田惇生教授选编的内容，虽然选编角度大不相同，但多数内容非常适合本书所需，而且，这些内容是专门面向美国读者选编的。

| 序　言 |

何为功能社会

（摘自1942年版《工业人的未来》）

人作为一种生物性存在需要空气来呼吸，同理，人作为一种社会性和政治性存在需要社会来发挥功能。然而，人需要社会并不必然意味着已经拥有社会——比如，在一艘即将沉没的船上有一群混乱无序、惊慌失措、相互踩踏的乌合之众，没人会称之为“社会”。在这种情境中，尽管存在一群人，但不存在社会。实际上，混乱无序恰恰源自社会崩溃；克服混乱无序的唯一途径是重建一个有价值观、纪律、权力与组织的社会。

我们可以想象，缺乏社会，社会生活就不能顺利开展，甚至完全无法开展。西方文明过去25年的发展历程表明，我们几乎不能说，社会生活的开展能够让我们拿出功能社会已存在的确凿证据。

社会一定产生于周围的物质现实，这个观点是不正确的。有可能现实中某个组织赖以立足的价值观、纪律、理想、习俗、权力完全来自另一种社会现实。以鲁滨逊和他的仆人星期五[一]为例，无疑，他们构成了一个微型社会。传统观点认为，鲁滨逊是孤立的、个人

[一] 鲁滨逊和星期五是小说《鲁滨逊漂流记》中的人物，该小说于1719年首次出版，作者是丹尼尔·笛福。——译者注

主义式经济人，这简直荒谬透顶。他坚持特定的社会价值观、习俗、禁忌与权力。他的社会不是产生于南太平洋亚热带小岛上生活的需要，而是产生于北大西洋寒冷的海岸边加尔文派[一]苏格兰人的需要。鲁滨逊的非凡之处不在于他适应现实的程度，而在于他几乎完全没有被现实改变。假如他身处不同的阶层、不同的时代，那么他一定会精心打扮去赴晚宴。这个例子表明，成功的社会生活赖以立足的社会价值观和理念，可以与某人有待适应的物质现实和问题迥然不同。

社会可能立足于某些理念和信念，这些理念和信念产生于对物质现实加以组织的需要。或者，如同鲁滨逊的社会与胡安·费尔南德斯群岛[二]的关系一样，社会赖以立足的基础与物质现实大相径庭。但社会必须始终能够把物质现实纳入一定的秩序；必须掌控物质世界，使其对个人而言有意义且易于理解；必须构建正当的社会权力与政治权力。

工业体系的现实尽管产生于商业社会和市场，但从一开始就不同于商业社会赖以立足的基本假设，并且往往互不兼容。然而，整个 19 世纪商业社会都成功地掌控、组织、整合了日益成长的工业现实。甚至在初期，二者之间就存在紧张关系。商业假设与工业现实、杰斐逊[三]式政策与汉密尔顿式现实、市场与工业生产体系之间的冲突史，在很大程度上，就是第一次世界大战之前 100 年的社会史。19 世纪末越来越明显的趋势在于，商业社会逐步瓦解，工业体系日益脱离社会控制。但直到 1918 年（或许是 1929 年），商业社会才最终崩溃。直到现在，依然没有形成一个健全的功能社会。

㊀ 基督教新教的一个分支，主张救赎预定论——是否得救在于神的拣选。——译者注

㊁《鲁滨逊漂流记》故事原型的发生地。——译者注

㊂ 杰斐逊（Thomas Jefferson，1743—1826），美国开国元勋、《独立宣言》起草人，美国第 1 任国务卿（1789 ～ 1793）、第 2 任副总统（1797 ～ 1801）、第 3 任总统（1801 ～ 1809）。——译者注

如同无法给生命下定义一样，给社会下定义也是不可能的。首先，我们身处社会之中，以至于社会的基本特征被大量令人困惑的、纷繁复杂的细节遮蔽。其次，我们也是社会的组成部分，所以不可能看到全貌。最后，犹如非生命体明确地转变为生命体一样，非社会明确地转变为社会，既不存在清晰的界限，也没有确定无疑的起点。尽管我们不了解生命的详细定义，但所有人都知道什么时候一个有生命的躯体不再是活的，或者说成为一具尸体。我们知道，如果心脏停止跳动或肺部停止呼吸，那么人体就不再能够作为有生命的躯体发挥功能。只要有心跳，有呼吸，人体就是有生命的躯体；没有心跳，没有呼吸，它就是尸体。无独有偶，缺乏社会的规范性定义并不妨碍我们从功能角度理解社会。除非社会赋予个体成员特定的社会地位和功能，并且除非决定性的社会权力具有正当性，否则任何社会生活都不能顺利开展。前一个条件搭建了社会生活的基本框架：社会的目的和意义。后一个条件塑造了基本框架内部的空间：使社会得以具体化并创造各种社会机构。如果个人未被赋予特定的社会地位和功能，那么就没有社会可言，有的只是一群在空间中无目的乱飞的社会“原子”。如果权力没有正当性，那么就没有社会结构可言，有的只是充斥奴役和惰性的社会空白。

人们自然会问，这些标准中哪一条更重要？或者，上述社会生活原则中哪一条优先？自从政治思想诞生以来，该问题曾使无数人冥思苦想。该问题也使政治理论在柏拉图与亚里士多德之间、在社会目的优先与制度性组织优先之间产生第一次尖锐的分歧。尽管古代的伟大哲学家为此殚精竭虑，但该问题实际上没有意义。在基本政治理念与基本政治制度之间，无论在时间上还是在重要性上，都没有孰先孰后或孰重孰轻的问题。事实上，政治思想和政治行动的本质恰恰在于，一极是信念、目的、愿望、价值观代表的理念领域，另一极是事实、制度、组织代表的现实领域。两极中缺少了任何一极都不是政治。纯粹的理念可能是健全的哲理或伦理；纯粹的现实可能是健全的人类学现象或新闻。单凭任何一极都无法造就健全的政治，甚至根本无法形成政治。

个人的社会地位和功能是表达社会与个体成员之间关系的方程。它代表着个人向社会的整合以及社会向个人的整合。它既从社会角度表达了个人目的，又从个人角度表达了社会目的。因此，它导致从社会角度来看，个人的存在变得理性且可理解；从个人角度来看，社会的存在也变得理性且可理解。

对于个人而言，除非被赋予社会地位和功能，否则就没有社会可言。只有当社会的目的、目标、思想、理想对个人的目的、目标、思想、理想而言有意义时，社会才是有意义的。在个人生活与社会生活之间必须有一种明确的功能关系。

这种关系可能是指目的同一性[⊖]，个人除了社会生活之外没有自己的生活，除了社会目的之外没有自己的目的。这基本上是古希腊伟大的政治哲学家（尤其是柏拉图）的立场。苏格拉底学派对智者学派的抨击在很大程度上针对的是“个人主义”的人格概念。苏格拉底学派的“城邦”采取了彻头彻尾的集体主义，在某种意义上，社会目的与个人目的、社会美德与个人美德、社会生活与个人生活之间没有区别。但是它也有可能假定，除了

⊖ 同一性（identity），指两个事物完全相同或相似（有时也指“名称”与“被指称之物”的关系，或是同一事物不同“名称”的关系）。——译者注

个人目的和个人生活之外，不存在社会目的和社会生活，这恰恰是19世纪早期极端个人主义者的立场。

个人目的与社会目的之间甚至不需要同一性假设。实际上，关于社会与个人之间的功能关系，左派理论家的阶级斗争理论是最严谨的理论之一。根据该理论，组织有序的社会是进行压迫的工具。正是由于有这种冲突假设，相关学说才在经济大萧条㊀时期广受欢迎，否则它就会受到怀疑或被证伪。在传统理论（个人目的与社会目的和谐共存）完全行不通的时候，该理论似乎能够合理解释发生的事情。

在丧失社会地位和功能的个人眼中，社会是非理性的、无法预料的、混乱不堪的。"无根"的个人犹如弃儿（由于丧失了社会地位和功能，所以此人被从由他的同伴构成的社会中逐出），看不到社会。他看到的只有恶魔般的力量，一半合乎情理，一半毫无意义，一半光明，一半黑暗，但永远无法预测。这股力量决定了他的生命与生计，他不可能加以干预，事实上，他也无法理解该力量。此人犹如在陌生的房间中蒙住双眼参与一场规则不明的竞赛，获胜的奖品是自己的幸福、生计甚至生命。个人应该被赋予社会地位和功能——如同对个人一样，这对社会同等重要。除非个体成员的目的、目标、行动、动机与社会的目的、目标、行动、动机相互结合，否则社会就不能理解或容纳他。孤立的、随波逐流的、不能与他人相互协调的个人不仅是非理性的，而且是一个危险因素——他是一股具有分裂性的、威胁性的且难以理解的神秘力量。许多伟大的神话（"流浪的犹太人"㊁、

㊀ 经济大萧条（Great Depression），特指1929年始于美国后蔓延至全世界的大规模经济危机。——译者注

㊁ "流浪的犹太人"（Wandering Jew），神话中被诅咒在尘世行走的犹太人，13世纪这个神话开始在欧洲传播。——译者注

“浮士德博士”[一]、“唐璜”[二]）都是关于丧失或拒绝社会地位和功能的个人的神话，这并非巧合。社会地位和功能的缺失，社会与个人之间功能关系的缺位，也是对少数群体进行迫害的根源，这些少数群体要么没有社会地位和功能（也就是不被社会接纳，如美国的黑人），要么是社会整合缺失的替罪羊（如纳粹德国统治下的犹太人）。

个人必须有明确的社会地位，但这并不意味着他必须有一个**固定的**社会地位。把“明确的”等同于“固化的”是边沁[三]等19世纪早期自由主义者[四]犯下的严重错误。这是一种悲剧性误解，导致了一种完全否定社交价值的社会原子主义。当然，个人可能拥有固定的社会地位和功能。印度的种姓制度[五]体现了社会与个人之间明确的功能关系，并出于宗教目的将二者整合起来。种姓制度从永恒重生乃至完全净化的宗教教义中获得合理性。根据该教义，即使贱民也有社会地位和功能，从而使社会生活与个人生活对他们变得有意义，同时使个人生活对社会变得有意义和必不可少。只有在这种宗教教义瓦解后，印度教的社会制度才会对个人与社会丧失合理性。

在高度流动的美国边疆社会中，个人也具有同样明确的社会地位和功能，这与等级森严的印度种姓制度下的贱民或婆罗门别无二致。甚至可以

[一] “浮士德博士”（Dr. Faustus），传说中的人物，其为获得知识和权力而与魔鬼订立契约。从16世纪至今出现了众多关于浮士德的文艺作品，最著名的当属歌德的《浮士德》。——译者注

[二] “唐璜”（Don Juan），象征自由放荡的虚构人物，源于民间传说，在17世纪首次成为文艺作品中的人物。——译者注

[三] 杰里米·边沁（Jeremy Bentham，1748—1832），英国哲学家、法学家，功利主义的代表人物。——译者注

[四] 自由主义者（liberals），以自由作为主要政治价值，主张放宽及免除政权对个人的控制。——译者注

[五] 种姓制度（Hindu caste system），印度与南亚其他地区普遍存在的一种社会体系，把人群从高到低依次划分为婆罗门、刹帝利、吠舍、首陀罗，此外还有贱民。印度独立后，虽对种姓制度予以废止，但实际上种姓制度仍有很大影响。——译者注

说，没有一个社会能像杰克逊[一]、亨利·克莱[二]或林肯所处的边疆社会那样完美地把成员纳入个人与社会之间的功能关系中。关键在于，这种地位是明确的，在功能上是可理解的，在目的上是理性的，而不牵涉是固定的、弹性的还是流动的。说每个男孩都有平等的机会成为总统，就如同说个人的出生仅仅是试图避免在同一种姓中重生一样，也是一种对个人与社会之间功能关系的界定。

由此我们可以清楚地发现，在任何既定的社会中，社会与个人之间功能关系的类型和形式，取决于该社会关于“人的本性”和“人的实现”的基本信念。人的本性可能被视为自由的或不自由的，平等的或不平等的，善良的或邪恶的，完美的、可完美的或不完美的。人的实现可以体现在今生或来世、东方宗教宣扬的个人灵魂不朽或最终魂飞魄散、战争或和平、取得经济成就或使家族人丁兴旺。关于“人的本性”的信念决定了社会的目的，关于“人的实现”的信念决定了目的能够实现的范围。

上述关于“人的本性”和“人的实现”的任何一种基本信念，都可能对应某个独特的社会，以及社会与个人之间某种独特的功能关系。在这些基本信念中，哪些是合适的，哪些是真的或假的、善的或恶的、基督教的或非基督教的，并不是此处讨论的话题。我们的关注点在于，任何一种基本信念都可以成为一个运作顺利、体制健全的社会（也就是赋予个人社会地位和功能的社会）的基础。反之，任何社会（无论持有何种基本信念），只有赋予个人社会地位和功能才能够顺利运行。

㊀ 安德鲁·杰克逊（Andrew Jackson，1767—1845），美国第7任总统（1829～1837），民主党的创建人之一，以杰克逊式民主著称，开创了政党分肥制。——译者注

㊁ 亨利·克莱（Henry Clay，1777—1852），美国政治人物，曾任众议员、参议员、国务卿，倡导“美国体系”经济计划，主张运用高关税保护本国工业，建立国家银行，统一各州的货币。——译者注

正当权力源自关于“人的本性”和“人的实现”的相同的基本社会信念，个人的社会地位和功能也有赖于此。事实上，正当权力可以被定义为在基本社会信念中具有证成性的统治权。在每个社会中都有许多与这种基本信念毫无关系的权力，也有许多制度的设计初衷和努力方向与这种基本信念的实现背道而驰。换言之，自由社会中总有大量“不自由”的制度，平等社会中总有许多不平等，圣徒中总有许多罪人。但只要我们称为统治权的决定性社会权力立足于自由、平等、圣洁的信念，并通过旨在实现这些理想目的的制度来行使，那么社会就可以作为一个自由、平等、圣洁的社会发挥功能，因为该社会的制度结构拥有一种正当权力。

这并不意味着社会非决定性权力和制度是否与基本社会信念矛盾是无关紧要的。相反，最严重的政治难题往往源自这种矛盾。社会极可能认为，尽管非决定性制度或权力关系具有非决定性特征，但若其与基本社会信念形成鲜明对比，便会对社会生活造成威胁。最典型的例子是美国内战[㊀]，当时美国南方的奴隶制被认为对自由社会的整个结构造成了威胁。然而，内战前美国的决定性权力无疑是基于自由信念的正当权力，并通过旨在实现自由的制度加以落实。因此，美国社会确实作为一个自由社会在发挥功能。恰恰因为美国社会如此发挥功能，所以才把奴隶制视为威胁。

任何社会的决定性权力和决定性制度都不能通过统计分析来确定。

关于衡量某个社会的方式，最没用的莫过于数人头、引用税收数额或比较收入水平。决定性是一个政治术语，并且是一个纯粹的定性术语。例

㊀ 美国内战（Civil War），又称南北战争，是1861～1865年美国南北方围绕奴隶制的存废问题爆发的内战。——译者注

如，英国拥有土地的绅士只占其总人口的一小部分，并且在商人阶层和实业家阶层崛起后，绅士阶层在国家财富和收入中占的份额非常小。然而，直到我们所处的时代，绅士阶层仍然掌握决定性社会权力，其制度是英国社会的决定性制度，其信念是社会生活的基础，其标准是社会的代表性标准，其生活方式是社会的模范。而且，绅士阶层的理想人格（绅士）仍然是整个社会的理想类型，他们掌握的权力不仅具有决定性，还具有正当性。

同样，法律和宪法也很少（如果有的话）能告诉我们决定性权力存在于何处。换言之，统治权并不完全等同于政治性政府。统治权是一种社会性权力，而政治性政府很大程度上属于法律范畴。例如，1870～1914年的普鲁士军队[⊖]在《德意志帝国宪法》中几乎没有被提及，然而其无疑掌握着决定性权力，并且可能具有正当性。该时期的德国尽管设立了民选的且通常反军国主义的议会，但政府实际上服从于军队。

另一个例子是大英帝国对某些非洲殖民地的“间接统治”。那里的社会决定性权力存在于部落内部。至少从理论上讲，白人政府不掌握任何社会权力，它仅负责警察事务，从而使自己能在一个松散的、纯粹规范性的“法律与秩序”框架内支持和维护部落社会组织。然而根据各自的宪法，殖民地总督及顾问班子掌握绝对权力。

最后需要理解的是，正当性是一个纯粹的功能性概念。世上不存在绝对的正当性。权力只有符合某种基本社会信念才正当。什么构成“正当性”是一个必须根据既定社会及其既定政治信念来回答的问题。当被社会认可

⊖ 俾斯麦靠普鲁士的普丹战争、普奥战争和普法战争推动了德意志统一，1871年，德意志帝国成立。所以，此处仍称“普鲁士军队”。——译者注

的伦理原则或形而上学原则证成时，正当就是一种权力。无论这种原则在伦理方面是好是坏，在形而上学方面是真是假，都与正当性本身无关。与其他任何形式的标准一样，正当性不涉及伦理和形而上学。正当权力是在社会方面发挥功能的权力，但它为什么发挥功能以及目的是什么，则既是一个与正当性完全无关的问题，也是一个先于正当性的问题。

未能理解这一点是造成混乱的原因，这种混乱导致所谓“正统主义”[㊀]成为19世纪初的政治信条。1815年的欧洲各国反动派人士宣称，只有在绝对君主统治下，社会才会是**好的**——这完全是他们的权利。对什么是人们想要的、什么是社会的基础持有自己的看法，这不仅是人的权利，也是人的义务。但当他们说缺少了绝对君主，任何社会都不能**发挥功能**时，实际上不过是混淆了伦理选择与功能分析。而且，当宣扬只有绝对君主才是**正当的**这一教条时，事实证明，他们是错误的。实际上，在拿破仑战争之后，绝对君主制在欧洲各国已不再正当；封建王朝已不再能正当地要求决定性权力。1815年之前半个世纪的革命带来了基本信念的转变，使得除了有限宪政政府之外的任何其他政府都不再具有正当性。这种转变既可能是令人向往的，也可能是应受谴责的，但无论如何都是事实。正统主义者可能试图消除这种信念转变带来的影响。他们可能主张，对于个人和社会而言，不正当的绝对统治比正当的宪政统治更好。或者，他们可能会要求“抵抗的权利”、分裂的权利或革命的权利。可是，他们的主张无法建立在唯一的政治基础（即正当性）之上。

关于什么是正当权力，功能分析并不以任何方式预先评判相关的伦理

㊀ “正统主义”（legitimism），一种政治理念，认为某个王朝或王国的法律决定国王的身份。例如当时法国的正统主义者认为，应根据传统继承规则（基于萨利克法典）确定合法的国王。——译者注

问题（如个人有权利或义务抵制自认为有害的权力）。社会毁灭是否比正义沦丧更好，这是一个功能分析之外的问题，也是一个先于功能分析的问题。如果某人坚定地认为社会只有在正当权力统治下才能发挥功能，那么他很可能认为社会价值不如某些个人的权利或信念，但他不能像正统主义者那样确定自己的价值观和信念**是**社会**理应**接受的。

不正当权力的主张并不是源自基本社会信念。因此，不正当权力不可能决定统治者行使权力的方式是否符合权力的目的，原因是社会目的缺失。不正当权力不能被控制，并且在本质上是无法控制的。由于缺乏责任标准，也没有为其证成性进行辩护的社会公认的最终权威，所以不正当权力不能被认为是负责任的。而且，不能证成就不能负责。

出于同样的原因，不正当权力不受限制。限制权力的行使就是划定权力的界限，一旦超越界限，权力就不再正当，也就是不再为基本社会目的服务。而且，如果权力一开始就不正当，那么就不存在一旦被超越权力就不再正当的界限。

不正当的统治者不可能是优秀的或明智的统治者。不正当权力必然腐败，因为它只能是“强力”，绝不是权威。不正当权力不可能是一种受控的、有限的、负责的、理性决策的权力。无论个人多么善良、明智、审慎，都无法在不迅速堕落为武断、残忍、野蛮、任性的人（即成为暴君）的情况下行使不受控制的、无限的、不负责的、非理性决策的权力——自从塔西佗[㊀]在关于罗马皇帝的历史记录中给我们举了一个又一个例子以来，这已经成了一条政治公理。

㊀ 塔西佗（Publius，约55—约120），古罗马历史学家、元老院元老，客观记录了当时的大量史实，代表作《历史》《编年史》。——译者注

因此，决定性权力不正当的社会不能作为一个社会来发挥功能，而只能靠野蛮的强力（暴政、奴役、内战）来维系。当然，强力是所有权力的最后保障，但功能社会的强力仅仅是一种对特殊弊病或罕见弊病的最后矫正措施。在功能社会中，权力以权威的形式行使，并且**权威是权利对强力的统治**。但只有正当权力才拥有权威，才能指望并命令社会自我约束，而唯有社会自我约束才能使组织有序的制度生活成为可能。即使由最优秀、最明智的人行使，不正当权力也只能依赖人们对强力的屈服。基于不正当权力，人们不能构建功能健全的、制度化的社会组织。即使最善良的暴君，也仍然是暴君。

1

第一部分

功能社会的基础

A FUNCTIONING SOCIETY

导言

《工业人的未来》是我出版的第二本著作。1937年初，我作为几家英国报社驻美国的专栏作家从伦敦来到纽约，我在美国完成的第一本著作就是《工业人的未来》。这本书的前一本著作是《经济人的末日》，1938年底在英国出版，1939年初在美国出版，本书第二部分从中摘录了部分内容。《工业人的未来》虽完成于美国，但大部分内容在我离开欧洲前已经准备完毕。实际上，本书摘录的部分内容已于1936年在奥地利一家天主教反纳粹杂志上发表，该部分内容预见了希特勒的“最终解决方案”，也就是针对犹太人的种族灭绝政策。

1937年，美国经济陷入严重衰退，远比我离开英国时的英国经济形势更严峻。但美国社会依然生机勃勃，这让我惊讶，甚至可谓深感震撼。60多年后的今天，新政[一]经常被指责为对美国经济复苏毫无建树。事实上，1937年美国的经济形势比富兰克林·罗斯福总统上台前的1932年还要糟

[一] 新政（New Deal），即罗斯福新政，是指1933年富兰克林·罗斯福担任总统后实行的一系列经济、社会政策，政府从此开始大规模干预经济和社会，其核心被归结为救济、复兴和改革。——译者注

糕。现如今的口号“笨蛋，问题在经济”㊀，可能会令当时的人感到不可思议。新政刻意地、审慎地、公开地把“改革”（即社会）置于“复苏”（即经济）之前。这确实是共和党人对新政的抱怨和批评之处，但绝大多数选民一次又一次投票支持。

在经济领域，当时美国与欧洲国家一样都在向后看，“大萧条前”成为衡量所有经济因素的标准。但在社会领域，美国坚定地向前看，这绝不仅仅是政府行动，甚至主要不是政府行动。每所美国高等院校（甚至最小的“乡村学院”）都在开展教育改革和教育实验——从芝加哥大学的莫蒂默·阿德勒㊁鼓吹返回中世纪三学科㊂，一直到黑山学院㊃等高等院校以同样的热情大力宣传取消所有学科，鼓励学生“做自己的事”。雷茵霍尔德·尼布尔㊄和保罗·蒂利希㊅激励了新教教会，雅克·马里坦㊆和其他新托马斯主义㊇者激励了天主教会。许多开拓者（马萨诸塞州波士顿综合医院、纽约长老会医院、纽约西奈山医院），正把医院从穷人的死亡之所转变为依据科学进行诊断和治疗的地方。每家博物馆都在参照纽约现代艺术博

㊀ “笨蛋，问题在经济”（“It's the Economy, Stupid.”），1992年，比尔·克林顿竞选美国总统时采用的著名口号。——译者注

㊁ 莫蒂默·阿德勒（Mortimer Adler，1902—2001），美国哲学家，芝加哥大学教授。——译者注

㊂ 中世纪三学科（Medieval Trivium），是指语法、修辞、逻辑。——译者注

㊃ 黑山学院（Black Mountain College），1933年约翰·莱斯等人根据杜威教育理论创建的一所实验学院，强调整体学习和艺术研究是博雅教育的核心。——译者注

㊄ 雷茵霍尔德·尼布尔（Reinhold Niebuhr，1892—1971），美国神学家、伦理学家，发展了基督教现实主义的哲学观点，抨击乌托邦主义无助于解决现实问题。——译者注

㊅ 保罗·蒂利希（Paul Tillich，1886—1965），美国哲学家、基督教存在主义神学家。——译者注

㊆ 雅克·马里坦（Jacques Maritain，1882—1973），法国天主教哲学家，教皇保罗六世的导师。——译者注

㊇ 新托马斯主义，源于19世纪兴起的基督教思潮（实际上是新经院哲学的一种变体），代表人物是雅克·马里坦。——译者注

物馆[1]进行改革。甚至非常小的城市（如加利福尼亚州的帕洛阿尔托），也在组建自己的交响乐团。经济上，美国正处于严重萧条时期；社会上，美国正迎来蓬勃复兴。

这进一步引起我对《工业人的未来》所探讨的相关问题的思考：何为功能社会？什么制度能够重建社区（社区的崩溃在欧洲各国导致了极权主义）？《工业人的未来》并未彻底解决这些问题——我至今仍在思考，但它们为我后来在社区、社会与政体领域的全部作品奠定了基础。

[1] 纽约现代艺术博物馆（New York's Museum of Modern Art），世界上最大、最具影响力的现代艺术博物馆之一，由艾比·洛克菲勒等构想并推动建设，1929年正式对外开放。——译者注

CHAPTER 1 | 第 1 章

从卢梭到希特勒

(摘自 1942 年版《工业人的未来》)

我们的自由源自启蒙运动和法国大革命，这俨然成了当代政治与历史著作的一条公理。这种信念如此普遍，被人们接受得如此彻底，以至于 18 世纪理性主义者的后继者因抢先占用了自由的名号而被称为自由主义者。

诚然，启蒙运动和法国大革命为 19 世纪的自由做出了贡献。但二者的贡献完全是负面的，犹如把旧建筑变为断壁残垣的炸药，丝毫没有为 19 世纪的秩序所依赖的新自由结构做出正面贡献。相反，启蒙运动、法国大革命以及当今的理性自由主义（rationalist liberalism）都与自由存在不可调和的对立。本质上，理性自由主义就是极权主义。

在过去 200 年的西方历史中，每次极权主义运动都源自当时的自由主义。从卢梭到希特勒之间有一条清晰的脉络。他们都产生于各自时代理性自由主义的失败，都保留了各自自由主义信条的本质，并且都用同样的机制把理性主义者潜在的、无效的极权主义转变为革命专制者公开的、有效的极权主义。启蒙运动和法国大革命绝不是自由的根源，反而是威胁当今世界的极权主义的滥觞。希特勒的纳粹主义的源头不是中世纪的封建主义或 19 世纪的浪漫主义，而是边沁、孔多塞[一]、正统经济学家（orthodox economist）、自由宪政主义者（liberal constitutionalists）、达尔文、弗洛伊德[二]与行为主义者所倡导的理念。

人类理性是绝对的，这是启蒙运动的伟大发现。该发现不仅是后来所有自由主义信条的基础，也是卢梭之后所有极权主义信条的基础。罗伯斯庇尔推出理性女神[三]并非偶然；他的象征符号比后来的革命派更加粗糙，但本质上没什么不同。法国大革命选择了一位在世之人扮演理性女神，这也不是偶然。理性主义哲学的关键在于把完美的绝对理性赋予现实中的人。象征和口号已经发生过多次变化。1750 年“科学哲学家”享有至高无上的地位，100 年后提出经济功利主义和“快乐 – 痛苦计算原则”的社会研究者占据了该位置，现如今，主张种族决定论与宣传决定论的“科学心理生物学家”取得了至高无上的地位。但我们今天与之斗争的极权主义与下列极权主义基本相同：由 1750 年的理性主义者（即启蒙主义者和百科全书派人士）最早提出，并导致了 1793 年恐怖暴政的极权主义。

我们必须理解，并非所有自由主义观念都必然坚持专制主义者的信条。无疑，正如每场保守主义运动都存在反动倾向，每场自由主义运动也都蕴含着极权主义哲学的种子。在欧洲大陆国家，没有任何自由主义运动或自由主义政党的基本信念不是极权主义的。在美国，极权主义的要素从一开始就被强烈地表现出来——既基于欧洲的影响，又受到清教传统的影响。自从上次

[一] 孔多塞（Condorcet，1743—1794），法国哲学家、数学家，启蒙运动的代表人物之一。——译者注

[二] 西格蒙德·弗洛伊德（Sigmund Freud，1856—1939），奥地利心理学家，精神分析学派创始人。——译者注

[三] 理性女神（Goddess of Reason），法国大革命时期，为了取代天主教，革命者倡导一种公民的、自然的宗教，致力于对理性和自由的崇拜，并在大教堂中设立神龛，由一位年轻歌剧演唱家扮演“理性女神”，接受众人膜拜。——译者注

战争[一]以来，各地的自由主义者都变成了专制主义者。时至今日，毫无疑问的事实是，在客观的信条方面，自由主义者已成为专制主义者。

但在1914年之前的100年中，英国出现了一场并不属于专制主义的自由主义运动，该运动与自由相辅相成，并非基于人的绝对理性。同时期，美国也孕育了一种接近这场英国自由主义运动的自由传统，它同样反对绝对自由主义。霍尔姆斯大法官[二]以最清晰的形式表达了这种自由传统（非美国主流的自由传统）和反极权主义传统。该自由传统常常被绝对自由主义完全遮蔽，废奴主义者[三]和重建时期[四]的激进共和党人[五]是绝对自由主义的典型代表。然而，该自由传统在林肯身上孕育了19世纪最伟大的反专制主义和真正自由的自由主义象征，导致平民主义[六]（自美利坚合众国立国以来最为"土生土长"的政治主张）在政治上无往不胜。尽管罗斯福新政在很大程度上由理性主义主导，但其吸引力和政治成效要归功于平民主义传统。

19世纪的自由、建设性英美自由主义，与启蒙运动和当今自由主义的专制主义、破坏性自由主义的根本区别，在于前者立足于基督教，后者立足于理性主义。真正的自由主义源于在宗教上与理性主义脱离关系。19世纪的英国自由党[七]部分立足于1688年开创的和解传统，但更多立足于"不

㊀ 此处是指第一次世界大战。——译者注

㊁ 霍尔姆斯大法官（Justice Holmes，1841—1935），1902～1932年任美国联邦最高法院大法官。——译者注

㊂ 废奴主义者（abolitionists），即主张废除奴隶制的人。自18世纪启蒙时代起，欧美各国掀起废除奴隶制及奴隶贸易的运动，19世纪中期达到高峰。——译者注

㊃ 重建时期（Reconstruction Period），一般有两种划分方法，分别为1863～1877年和1865～1877年。——译者注

㊄ 激进共和党人（Radical Republicans），该时期这类人多数都是废奴主义者，如国务卿苏厄德、首席大法官蔡斯等。——译者注

㊅ 平民主义（populism），美国人民党的立场，维护农场主的利益，反对大资本，坚持宪政民主。我国部分学者也将populism翻译为民粹主义，用来代指俄国的民粹派，但俄国民粹派与美国人民党的主张有根本性不同，两者虽同样高度评价农民，但前者更强调个人必须服从整体，以整体的名义可以剥夺个人自由。——译者注

㊆ 英国自由党（English Liberal Party），19世纪和20世纪初英国的两大政党之一，主要由辉格党成员、支持自由贸易的精英以及激进改革派人士构成。——译者注

属于圣公会的英国基督教徒的良心”。前者是对自由的重申，反对理性专制主义（以克伦威尔式神权政治和中央集权的君主制为代表）。后者源自 18 世纪的宗教复兴，尤其是卫斯理[一]创立的卫理公会[二]和低教会派福音主义[三]。这两者都诉诸基督教的爱、信仰与谦卑，都直接反对当时的理性主义：卫理公会反对启蒙运动，低教会福音主义反对边沁等功利主义者和古典经济学家[四]。

无独有偶，美国货真价实“自由的”自由主义可以追溯至对理性专制主义的宗教抗议，其先祖罗杰·威廉姆斯[五]以基督教自由的名义抨击新英格兰神学家的理性主义神权政体，这些神学家把所学习的经文奉为绝对理性。而平民主义运动（无论经济原因是什么）完全立足于对理性功利主义和正统经济学家的福音式抗议，呼唤人的尊严，反对绝对理性的暴政，反对追求“不可避免的经济进步”的暴政。

理性主义者的信条在客观上与自由不相容，这并非否认理性主义者个人或自由主义者个人的善意或诚实。毫无疑问，理性自由主义者个人真诚地相信，他且只有他能够代表自由并反抗暴政。他确实在主观上憎恶极权主义暴政及其代表的一切。反之，他也是极权主义统治下首当其冲的牺牲品。

但理性主义者个人的反极权主义情感在政治上完全无效。总体来看，理性主义不能采取积极的政治行动，只能在对立中发挥功能，永远不可能切实从破坏性批评走向建设性政策。而且，理性主义总是反对自由的社会制度，

㊀ 卫斯理（John Wesley，1703—1791），英国基督教神学家，卫理公会创始人，带领了英国的福音大复兴运动。——译者注

㊁ 卫理公会（Methodism），脱胎于英国国教的独立教会。——译者注

㊂ 低教会派福音主义（Low Church Evangelism），基督新教的一种信仰模式和教会传统，主张简化教会礼拜仪式，思想上倾向于清教徒团体。——译者注

㊃ 古典经济学家（classical economist），尊奉古典经济学的经济学家，亚当·斯密、李嘉图、马尔萨斯等人是代表人物。——译者注

㊄ 罗杰·威廉姆斯（Roger Williams，约 1603—1683），新英格兰地区的英国殖民者，罗得岛殖民地的创始人，宗教自由的先驱。——译者注

完全像反对不自由和压迫性的社会制度一样。

理性自由主义者认为自身的功能在于反对其所处时代的不公正、迷信与偏见。但对不公正的反对仅仅是对所有社会制度（包括自由和公正的制度）怀有普遍敌意的一部分。例如，启蒙主义者废除了贵族特权、农奴制与宗教迫害，但也摧毁了省级自治和地方政府自治，欧洲大陆任何国家都难以从这种对自由的打击中完全复原。他们抨击神职人员的滥权、特权与压迫，也使欧洲的教会“堕落”为政治性政府的行政办事机构。他们竭力剥夺宗教生活的社会自治与道德权威。启蒙主义者还不遗余力地反对独立法庭和普通法。18 世纪的理性主义者主张“理性上完美”的法典和政府控制的法院，这直接导致了权力无限的全能政府的产生。19 世纪“自由的”英美自由主义在很大程度上源自启蒙主义者批判的制度（地方政府自治、自由自治的教会、普通法、独立司法），这并非偶然。

理性主义者不仅破坏和反对现有制度，而且完全没有能力在被摧毁的旧制度的基础上创设新制度。他们甚至认为没必要采取建设性行动。因为对理性主义者而言，善就是消除恶。只要批判恶的制度或压迫性制度，他们认为就已经完成了自己的工作。但在政治和社会生活中，如果不落实为制度，那么一切都是徒劳。社会必须立足于功能性权力关系。在政治领域，只有构建更好的制度，摧毁原有制度才具备正当性。仅仅扫除某些事物（无论多么不好）并不是解决办法。除非用功能健全的制度替代被摧毁的制度，否则随之而来的社会生活崩溃会滋生邪恶，甚至比原有制度被摧毁前更糟糕。

无论理性自由主义者在何处掌权，他们总是遭遇失败。例如，经过半年的政治瘫痪后，克伦斯基[㊀]领导的俄国自由政府败于“多数派”，其命运只

㊀ 克伦斯基（Alexander Kerensky，1881—1970），俄国政治人物，1917 年 7 月任俄国临时政府总理，同年 11 月 7 日下台。——译者注

不过是最明显的例子。1918 年，德国社会民主党[一]掌权后同样没有能力采取政治行动。在德国皇帝统治时期，社会民主党是非常强大的反对派。毫无疑问，该党领导人真诚可敬，是能力突出的行政人员，是非常勇敢且广受欢迎的人。然而，令人意外的不是他们遭遇失败，而是他们能够坚持这么长时间，实际上到 1922 年或 1923 年，他们已经无力回天了。法国激进派、意大利自由派、西班牙民主派同样如此。美国的“改革者”往往也以失败告终。美国每个城市政府的历史都表明了这些善意的理性自由主义者在政治上的无效。

如此不同寻常的、持续的失败记录，不可能用环境或意外来解释。真正的原因是，理性自由主义的本质注定了它在政治上的无效。理性自由主义内部存在持续的自相矛盾，立足于两个相互排斥的原则之上，它只能批判，不能行动。

一方面，理性主义者坚信绝对理性。在以前，这种绝对理性是必然的进步，或存在于个人利益与共同福祉之间的国家和谐。现如今，这种绝对理性的信条是：力比多[二]、挫折及腺体可以解释所有个人或群体冲突。另一方面，理性自由主义者认为自身的绝对性是理性推理的结果，是可以证明的，在理性上是无可争议的。理性自由主义的本质恰恰在于，它声称自身的绝对性在理性上是显而易见的。

然而，绝对理性永远不会是理性的，永远不能通过逻辑证明或证伪。绝对理性在本质上凌驾于逻辑论证之上，且先于逻辑论证。逻辑推理可以且必须基于绝对理性，但不能证明绝对理性。如果是真正的宗教，那么绝对原则

㊀ 德国社会民主党（German Social Democrats），德国主要政党之一，源自 1863 年创立的“全德工人联合会”和 1869 年创立的“德意志社会民主工党”，1875 年二者合并为“德国社会主义工人党”，1890 年改名为“德国社会民主党”。——译者注

㊁ 力比多（libido），弗洛伊德首创这个词的现代用法，意指个人整体的性冲动或对性活动的欲望。——译者注

是超理性的，是一种真正的形而上学原则，可以为理性逻辑奠定有效基础。如果是人为的或人声称的，那么绝对理性必定是非理性的，并且与理性逻辑和理性手段存在不可调和的冲突。

近150年来，理性主义的所有基本教条不仅是非理性的，而且基本上是反理性的。宣扬人类固有理性的启蒙主义者持有的理性主义哲学便是如此。1848年那代功利理性主义者同样如此，他们从个人的贪婪中看到了自然“看不见的手”促进共同利益的机制。20世纪的理性主义者尤其如此，他们认为人受心理因素和生物因素支配。上述每种理性主义原则不仅否定自由意志，也否定人类的理性，并且都只能通过暴力和专制统治才能转化为政治行动。

但理性主义者不会承认这些，他们必须坚称自己的原则是理性的，并且可以通过理性手段落到实处。理性主义者坚持认为自己的原则在理性上是显而易见的。因此，除非通过理性的转型，否则理性主义者不能将自己的原则转化为政治行动，而理性的转型注定遭遇失败。一方面，理性主义者不尊重任何反对意见，因为他们认为后者只会反对绝对真理；另一方面，理性主义者不与反对意见抗争，原因是错误（对一名理性主义者来说，对他的绝对真理的所有反对一定是错误的）只能归咎于缺乏信息。没什么比20世纪二三十年代欧美流行的一种说法更能说明这一点了：**聪明**人一定是左派。现如今，那种认为宣传无所不能的信念，公开且清楚地表明了理性主义信条的专制主义基础和自相矛盾。

一方面，理性自由主义者不会妥协，他们秉持一种不允许任何妥协的完美主义信条。任何拒绝觉悟的人都是十足的恶棍，不可能与他们产生政治关系。另一方面，理性主义者不能打击或压迫敌人，甚至不能承认敌人的存在。存在的只是产生误判或被误导之人，只要把关于理性真理的无可争议的证据摆到他们眼前，这些人必然会领悟理性。理性自由主义者处于对阴谋者的神圣的愤怒与对被误导者的热情教育之间，总是知道何为正确，何为必要，何为善——并且这些往往既简单又容易做到。但理性自由主义者从不将这些落实为行动，因为他们既不能为掌权而妥协，又不能为掌权而斗争。他们在政治上总是处于瘫痪状态：理论上勇往直前，行动上踌躇不前；反对时慷慨激昂，掌权时束手无策；纸面上的正确理论不能转化为实际的政治行动。

理性自由主义者的悲剧在于，从他们的立场到政治成效只有一条路可走，那就是极权主义。理性自由主义者主观上真诚地追求自由，客观上只会导致暴政。理性自由主义者摆脱政治上的无效只有一条路：放弃理性主义，公开成为极权主义者、专制主义者和革命主义者。

启蒙运动时期，卢梭从理性主义和伪装的理性向公开的非理性和反理性极权主义迈出了致命的一步。“公意”㊀无须伪装为理性上可确定的或理性上可实现的。无可否认，公意是一种非理性的绝对真理，它蔑视理性分析，位于理性理解的范围之外，并且超越理性理解。公意虽然存在，但没人知道公意存在的方式、地点以及目的。既然公意是完美的、绝对的，那么自然而然就是普遍存在的。任何拥有理性之人，任何理解社会的最高意志之人都有权利，也确实有义务把公意强加给多数人、少数人以至于个人。自由仅在于**公意**的完美实现。卢梭并没有假装存在个人理性或个人自由。

确实，卢梭主张构建小规模的城邦，认为实行直接的、非代议制民主的政府是唯一完美的政府。他主张个人可以脱离所处的社会，从而确立个人拥有表达异议的不可剥夺的权利。这被认为是他渴望个人自由的表现。但在18世纪中期的现实世界中，这些条件不可能得到满足，在极为现实且平庸

㊀ 公意（general will），卢梭在《社会契约论》中提出的重要概念，认为“公意永远是公正的，而且永远以公共利益为依归”，“任何拒不服从公意的人，全体就要迫使他服从公意，这恰好就是说人们要迫使他自由”。——译者注

的极权主义条件下，卢梭的主张只能被视为一种浪漫的幻想。否则，希特勒向犹太人“提议”移民也可谓“自由”。

卢梭陷入非理性的绝对性，使得启蒙运动的基本理念在政治上变得卓有成效。卢梭在对理性主义的批判中看到自己的体系与**启蒙哲学家**的体系存在根本区别，这是正确的。他公开的非理性主义使自己摆脱了导致百科全书派在政治上无效的桎梏。百科全书派坚信教育与科学研究需要经历缓慢而艰苦的理性过程，而卢梭坚信启示的内心之光。百科全书派试图在物理规律的范围内定义人，而卢梭把人视为一种受冲动和情感驱使采取行动的政治性存在。当百科全书派看到理性主义的逐步改善时，卢梭相信人们可以且将依靠极端非理性的力量（即革命）迎来千禧年[⊖]。毫无疑问，卢梭对政治与社会的了解超过了所有其他的启蒙主义者。他对社会中的人的看法是现实主义的，而理性启蒙主义者一直认为人是绝望而可怜的，他们的看法是浪漫主义的。

事实上，坚信人为的绝对理性，坚信自身拥有绝对理性，并且相信任何拥有绝对理性之人都有权利和义务去落实绝对理性，这是卢梭观点的根基。只有瓦解其根基，卢梭才能被驳倒。

卢梭抛弃了启蒙运动的理性主义，所以他成为对当今政治影响最大的人物。卢梭保留了启蒙主义者关于人类完美性的信念，所以他否认人的自由，并成为主要的极权主义者和革命主义者，点燃了全世界愤怒的导火索，只有我们这代人才能与之匹敌。

理性主义者、自由主义者在转变为非理性极权主义者后在政治上表现得卓有成效，所以人们每次在政治上遭遇失败时都会选择遵循卢梭的方法。

⊖ 千禧年（millennium），这个概念来自“千年”，是某些基督教教派正式的或民间的信仰，相信将来会有一个黄金时代：全球和平来临，人间变为天堂。——译者注

第 2 章 | CHAPTER 2

保守主义反革命

（摘自 1942 年版《工业人的未来》）

启蒙运动是 19 世纪自由之父，与这种观点同样流行且同样错误的是，美国革命与法国大革命基于相同的原则，且美国革命实际上是法国大革命的先驱。几乎美国和欧洲国家的每本历史教科书都持有这种观点，并且认为美国革命与法国大革命中的许多重要人物持有相同的信念。然而，这完全歪曲了所有事实。

美国革命立足的原则，与启蒙运动和法国大革命遵循的原则完全相反。相较于启蒙运动主张的理性专制，美国革命在意图和影响上是一场成功的反向运动，而启蒙运动恰恰为法国大革命奠定了政治基础。尽管法国大革命爆发的时间较晚，但它在政治和哲学上已被美国革命所预见。1777 年和 1787 年的保守派对抗并战胜了法国大革命的精神，所以美国的发展实际上代表了一个比**三级会议**[一]、恐怖统治[二]、拿破仑执政更先进的历史阶段。美国革命绝

[一] 三级会议（Etats Généraux），法国全国人民的代表应国王召集而举行的会议，参加者分为三级：第一级为神职人员；第二级为贵族；第三级为其他民众。——译者注

[二] 恐怖统治（the Terror），特指法国大革命的雅各宾派统治时期，从 1793 年 9 月 5 日至 1794 年 7 月 28 日，据统计共有 16 594 人被送上断头台。——译者注

非对旧封建暴政的反抗，而是一场自由名义下的保守主义反革命，反对的是理性自由主义和开明专制主义[㊀]的新暴政。

19 世纪至今，西方世界的自由始终立足于美国 1776 年保守主义反革命秉持的观念、遵循的原则以及构建的制度。

实际上，美国革命既是一次美国事件，又是一次欧洲事件。在正常情况下，北美 13 块殖民地迟早会成为独立国家。英国最优秀的人士（尤其是埃德蒙・柏克）已经清醒地认识到，北美 13 块殖民地已经突破了对英国的传统依赖关系。美国革命仅仅是可预见的且已被预见到的独立事件发生的具体过程。犹如任何历史事件一样，尽管美国革命的实际形式独一无二，但它是一种自然而然的、合乎逻辑的发展。从作为对法国和印第安人战争中掌握独立指挥权的民兵指挥官乔治・华盛顿[㊁]，到作为美国军队总司令的乔治・华盛顿，中间有一条清晰明确的发展脉络。

但作为一次欧洲事件的美国革命又是出乎意料的。美国革命逆转了（首先在英国，后来传到欧洲其他国家）一种似乎不可避免的、自然而然的、难以改变的趋势，击败了理性自由主义者及其追随者——开明专制者，开明专制者先前貌似不可战胜，距离最终的彻底胜利仅有一步之遥。美国革命为一个在欧洲几乎被彻底击败且显然正迅速消亡的群体（反中央集权者、反极权主义者）带来了胜利和力量，这些人对专制的、集权的政府充满敌意，并且不信任任何声称完美的统治者。

美国革命使自治的普通法免于被淹没在完美的法典之中，并且重建了

㊀ 开明专制主义（enlightened despotism），18 世纪欧洲启蒙思想家大力倡导的一种君主专制主义，伏尔泰是该学说的倡导者。——译者注

㊁ 乔治・华盛顿（George Washington，1732—1799），美国开国元勋、首任总统（1789 ～ 1797），独立战争时担任军队总司令，战争胜利后，于 1783 年 12 月 23 日向国会交还军权，1787 年主持制宪会议。——译者注

独立法庭。最重要的是，美国革命重申了下列信念：人的不完美是自由的基础。

假如美国没有反抗开明专制主义，19 世纪的欧洲会丧失所有自由。假如美国败于理性主义和中央集权的英王的军队，结果将会一样。英国可能不会有效地反对法国大革命，并且可能不会有任何国家坚决与拿破仑的侵略性极权主义开战。最重要的是，享有盛誉的英国宪政不可能得以幸存，并进而成为 19 世纪欧洲自由的灯塔和成功反抗专制暴政的象征。

对于 18 世纪末 19 世纪初的西方世界而言，人烟稀少、位置偏远的美洲殖民地独立本身无关紧要。但从对欧洲国家的影响来看，美国革命是 19 世纪的决定性历史事件，表明启蒙运动没有影响到乔治三世[一]，奠定了柏克式保守主义（未受到启蒙运动影响但保持了自由，反对所有表面的比率、可预测性、概率）在英国兴起的基础，成为 19 世纪自由社会的源泉。

所有 19 世纪的自由都基于战胜了法国大革命的保守主义运动，这种论断并不新鲜。就欧洲而言，这场保守主义运动发端于英国，这也不是一个新发现。1850 年之前，欧洲政治思想界普遍认为英国已经找到了“出路”——犹如后来人们把所有自由都归功于法国大革命。但英国何以战胜法国大革命呢？什么因素使英国经受住了这一切，同时在没有爆发内战和社会崩溃的情况下发展成一个自由的商业社会，从而成为法国大革命专制和拿破仑专制的替代选择？这些问题的固定答案把成就归功于英国人的种族天赋、英吉利海峡、英国宪政。但这三个答案都不够充分。

1770 年，英国的一切都越来越快地走向开明专制。1780 年，反极权主义势力掌握政权。国王已经丧失绝对权力，且再也没有重获绝对权力的机会。国王的革命对手卢梭式极权主义者也想要建立自己的专制统治、中央集

[一] 乔治三世（George Ⅲ，1738—1820），英国国王（1760 ~ 1820），在位期间经历了美国独立、法国大革命、反法战争等一系列重大历史事件。——译者注

权政府，从而取代遭遇失败的王室暴政和王室中央集权政府。但国王专制和暴民专制都未能成功。

19世纪英国政治体制的每项自由制度实际上都可以追溯到“老辉格党”[一]的短暂任期。老辉格党之所以掌权，是因为反对与北美13块殖民地的战争。老辉格党引入了部长对议会负责制以及内阁制，创建了现代政党制度和公务员制度，并且界定了国王与议会之间的关系。1790年的英国社会并非一个非常健全的社会，当然也不是一个理想社会，但已经搭建起自由新社会的基本框架。该框架体现了老辉格党秉持的原则，他们在美国革命爆发前几乎被击败，但后来不仅重新崛起，而且由于北美13块殖民地的成功反抗而掌权。

尽管英美两国的起点不同，但保守主义反革命原则造就了两国的自由社会。尽管1776年的美国人与同时期的英国人有着相同的种族血统，使用同样的语言，采用一样的法律，且基本上拥有共同的政治传统，但美国人距离“母国”已经足够远，足以排除用一个种族或国家的“种族天赋”或“政治智慧”来解释19世纪两国自由社会的尝试。

19世纪英美两国的实际社会现实和政治现实、思想和行为模式、面临的具体问题和答案都大相径庭。不仅如此，在整个19世纪，由于革命和随后不久开始的西进运动[二]，美国以越来越快的速度远离了英国乃至欧洲。1917年的美国决定了拿破仑时代以来欧洲最大规模战争的胜负，此时美国

[一] 老辉格党（Old Whigs），英国的政治派别，反对绝对君主制，支持议会制，在1688年的光荣革命中发挥了关键作用，1715～1783年几乎完全掌控政府（该时期被历史学家称为辉格党寡头时代）。——译者注

[二] 西进运动（westward movement），美国东部居民向西部地区迁移并进行开发的群众运动，始于18世纪末，终于19世纪末20世纪初。——译者注

比殖民地乡镇时代以及杰斐逊、富兰克林博士㊀、乔治·华盛顿、约翰·亚当斯㊁等人所处的时期更加远离欧洲。更加便捷的蒸汽轮船、横跨大西洋的电缆、无线电报只会导致双方的交流比帆船时代更加肤浅和短暂。

自从美国革命以来，每代美国人都比先辈更加远离英国，或者说远离欧洲。约翰·昆西·亚当斯㊂和丹尼尔·韦伯斯特㊃尽管是 18 世纪的美国人，但他们都可以被认为是英国人。与他们相比，安德鲁·杰克逊和亨利·克莱与欧洲各国的社会和精神距离要更远，但林肯、尤利西斯·格兰特㊄、安德鲁·约翰逊㊅、铁路建设者与欧洲的距离要比杰克逊和克莱更远。此外，在下一代（西奥多·罗斯福㊆、伍德罗·威尔逊㊇、约翰·洛克菲勒㊈、摩根㊉、卡

㊀ 本杰明·富兰克林（Benjamin Franklin，1706—1790），美国开国元勋，独立战争期间担任驻法大使，参加 1787 年制宪会议，曾被哈佛大学等 7 所大学授予名誉硕士或博士学位，所以德鲁克称其为富兰克林博士。——译者注

㊁ 约翰·亚当斯（John Adams，1735—1826），美国开国元勋、第 2 任总统（1797 ~ 1801）、第 1 任副总统。——译者注

㊂ 约翰·昆西·亚当斯（John Quincy Adams，1767—1848），美国总统（1825 ~ 1829），第 2 任总统约翰·亚当斯之子，1829 年卸任总统后继续担任众议员，直至去世。——译者注

㊃ 丹尼尔·韦伯斯特（Daniel Webster，1782—1852），美国政治人物，曾任国会众议员、参议员、国务卿。——译者注

㊄ 尤利西斯·格兰特（Ulysses S. Grant，1822—1885），美国第 18 任总统（1869 ~ 1877），内战时期任联邦军队总司令。——译者注

㊅ 安德鲁·约翰逊（Andrew Johnson，1808—1875），美国第 17 任总统（1865 ~ 1869），1868 年以 1 票之差险遭弹劾。——译者注

㊆ 西奥多·罗斯福（Theodore Roosevlt，1858—1919），美国第 26 任总统（1901 ~ 1909），任内处理劳资纠纷，支持进步主义，奉行门罗主义。——译者注

㊇ 伍德罗·威尔逊（Thomas W. Wilson，1856—1924），美国第 28 任总统（1913 ~ 1921），任内带领美国参加第一次世界大战，提出“十四点和平原则”（被概括为“威尔逊主义”）。——译者注

㊈ 约翰·洛克菲勒（John D. Rockefeller，1839—1937），美国石油大王、慈善家，1870 年创建标准石油公司，1890 年创办芝加哥大学，1904 年设立洛克菲勒基金会。——译者注

㊉ 约翰·摩根（J. P. Morgan，1837—1913），美国银行家，投资于众多领域。美联储创办之前，摩根财团在一定程度上扮演了中央银行的角色。——译者注

内基[一]、亨利·亚当斯[二]、林肯·斯蒂芬斯[三]等人所处的时代），美国产生了一种领导者、一种精神和社会氛围，无论好坏这在任何欧洲国家都是不可想象的，尤其是1900年的英国。英国报社记者中流行的说法蕴含着非常深刻的道理，即美国在思想、习俗、制度方面与欧洲相去甚远，以至于欧洲人几乎无法理解美国。在那些向英国读者报道美国发展状况的作家和记者（我也干过几年）看来，共同的普通书面语言与其说是一种帮助不如说是一种障碍，因为书面语言造成了一种幻觉（这对真正的理解产生了致命性破坏）：大西洋两岸相同的单词和句子在情感和理智方面具有相同的意义、联想和寓意。

但英美两国之间的差异只是凸显了双方采用的原则具有普适性。该原则从不同的基础出发，与完全不同的现实做斗争，在不同的社会和情感氛围中贯彻落实，结果使两国都成功地孕育了自由的商业社会。无论彼此的差异多大，两国都以没有任何个人或者群体完美无缺，或者掌握绝对真理和绝对理性作为出发点；美国开国元勋和英国激进保守主义者都坚信混合政体[四]；都在被统治者的同意和保障个人财产权的前提下对政府加以限制；政治领域的统治与社会领域的治理也都相互分离。

1776年和1787年的英美保守主义者不仅遵循共同的原则，而且采用了共同的方法培育一个立足于自由根基之上的功能社会。同时，双方以同样的方式采用这些方法，予以同样的关注，赋予同样的重要性。

㊀ 安德鲁·卡内基（Andrew Carnegie，1835—1919），美国钢铁大王、慈善家，1892年正式组建卡内基钢铁公司，晚年致力于慈善事业。——译者注

㊁ 亨利·亚当斯（Henry Adams，1838—1918），美国历史学家，约翰·昆西·亚当斯之孙，代表作《民主：一部美国小说》。——译者注

㊂ 林肯·斯蒂芬斯（Lincoln Steffens，1866—1936），美国调查记者，进步时代著名的“扒粪者”，揭发了大量企业和政府丑闻。——译者注

㊃ 混合政体（mixed government），一种结合了民主制、贵族制、君主制的政体，有助于避免上述政体分别堕落为暴民制、寡头制、僭主制，柏拉图、亚里士多德等人都对该政体有所论述。——译者注

对于当今的我们而言，保守主义反革命的方法与原则同样重要，甚至更加重要。当今大量政治学者和思想家认为原则代表一切，无所谓什么方法。这是对政治和政治行为性质的根本性误解，1776 年那代人绝不会犯这种错误。他们清楚，缺乏制度支撑的原则与缺乏原则指引的制度一样，在政治上都是无效的，对社会秩序有害无利。因此，对他们而言，方法与原则同等重要。他们的成功不仅要归功于所遵循的原则，也要归功于所采用的方法。

归根结底，他们采用的方法具有三个基本特征。

首先，虽然他们坚持保守主义立场，但没有复辟，也没想过复辟。他们从未把历史理想化，并且对自身生活的现实没有不切实际的幻想。他们认识到，社会现实已经改变。除了根据传统原则整合新社会，他们绝不会把自身的任务想象成其他事务，更不会支持任何逆转已发生之事的企图。

正因为美国开国元勋无条件拒绝复辟，所以他们显得激进，这也掩盖了他们事业本质上的保守性。他们的社会分析确实激进，并且极端激进。他们从未接受上流社会的习俗或一厢情愿的复辟梦，这些习俗或复辟梦立足于旧社会仍在发挥功能的假设之上，而实际上旧社会已经一去不复返。1776 年和 1787 年那代人遵循的保守主义，本质在于不想复辟，因为复辟与革命一样暴力、一样专制。

因此，美国开国元勋和英国激进保守主义者是当时和未来的保守派，而非过往的保守派。他们知道自己同时面临商业体制的社会现实和前商业体制的社会制度。他们采用的方法就是从这个事实出发的，并且发展出一个自由的、功能健全的商业社会。他们想要面对的是未来而非过去，想要避免下一场革命而非上一场革命。

其次，他们采用的方法不是基于所谓的蓝图或灵丹妙药。他们坚信普遍原则的宽泛框架，并且在这一点上他们不会做出任何妥协。但他们知道，唯有行之有效（即解决某个实际的社会难题），制度方案才能被接受。他们也知道，几乎每一种具体的制度工具都可以用来为每一种理想目标服务。他们在教条方面是纯理论家，但在日常政治活动中却极端务实。他们没有试图构建一种理想的或完整的结构，甚至愿意在实际方案的细节方面自相矛盾。他们想要的只是一套能够完成手头任务的方案——只要该方案符合宽泛的原则框架即可。

美国人也许会说，开国元勋确实制定了一份蓝图，即《美利坚合众国宪法》。但该宪法的智慧不在于在多大程度上制定了规则，而在于约束性。宪法包含少数几条基本原则，构建了少数几套基本制度，制定了少数几条简单的程序规则。费城制宪会议[一]的参会者反对在宪法中加入《权利法案》[二]，与其说这是出于对法案条款内容的敌意，不如说是出于对抵押未来的厌恶。事实上，《权利法案》的条款基本上是消极性的，仅列出了不该做之事，而不是应该做之事。

最后，他们采用的方法是柏克所谓的“因袭的习惯”，但这与“传统的神圣性”毫无关系。当传统和先例失效时，柏克也会无情地予以抛弃。“因袭的习惯”体现了政治方法领域的人的不完美原则，简而言之，人不能预见未来，不知道自己会去往何方。人唯一可能知道和理解的是从历史中发展而来的现实社会。因此，人们必须以现有的而不是理想的社会现实和政治现实作为社会与政治活动的基础。人类永远不可能发明完美无缺的制度工具，因此最好使用旧工具而非企图发明新工具来完成一件理想的工作。人们知道旧工具的运作方式，能做什么，不能做什么，如何使用以及在多大程度上值得信任。人们对新工具一无所知，而且如果新工具被作为完美工具兜售，那么

[一] 费城制宪会议（Philadelphia Convention），1787 年 5 月 25 日至 9 月 17 日在费城召开的会议，在乔治·华盛顿主持下制定了人类历史上第一部成文宪法：《美利坚合众国宪法》。——译者注

[二]《权利法案》(Bill of Rights)，是指《美利坚合众国宪法》的前 10 条修正案。——译者注

就可以合理地推定，新工具的使用效果将不如那些没人期望完美或声称完美的旧工具。

“因袭的习惯”不仅体现了人的不完美，表明了“所有社会都是长期历史发展的结果”这一意识（可以据此区分政治家与政客），而且体现了一项经济原则——比起复杂、昂贵、闪亮的创新，人们更喜欢简单、便宜、普通的事物。这是常识与绝对理性之间的对立，也是经验和责任心与肤浅的才华之间的对立。遵循“因袭的习惯”的人往往步履缓慢、低调平庸、默默无闻，但值得信赖。

与其说该原则的伟大实践者是英国人，不如说是美国开国元勋。大量研究已经表明，他们几乎完全依赖那些在殖民政府和行政机构中被证明有效且可靠的制度，也几乎完全依赖过去的经验和使用过的工具。这方面的大量研究都是在一种“揭露”的氛围中开展的，旨在表明宪法制定者太迟钝、太狭隘，且没有创造任何新事物。毫无疑问，这与下述观点同样站不住脚：人们骄傲地认为 1788 年的美国完全脱胎于制宪会议参会者的头脑。实际上，在面对巨大压力和严峻危机的时期，美国开国元勋谨慎避免采用新的、未经检验的制度设计，这展现了最伟大的智慧，我们应心存感激。开国元勋知道自己只能利用已有的工具，也知道未来总是源于过往，政治家的职责就在于确定不完美过往的哪部分可以延续至更美好的未来，而不是试图找到永恒的政治运动（或永恒的政治停滞）的秘密。

1776 年那代人建立的社会已经基本上崩溃了，现如今我们必须构建一个新的工业社会。但是，保守主义反革命的原则与方法仍然值得借鉴。如果我们想要建设一个自由社会，那么只有遵循同样的基本原则才能实现。未来的具体社会制度将不同于 1776 年和 1787 年建立的制度，如同后者不同于 17、18 世纪的社会制度。但如果要使其成为一个自由且功能健全的制度，那么就应采用与1776年那代人相同的方法：认识到我们无法复辟，必须接受新的工业现实，而不是试图返回传统的前工业商业体系；愿意放弃蓝图和灵丹妙药，满足于完成微小且不那么辉煌的任务，为眼前的难题找到可行的、零散的、不完美的解决方案；认识到我们只能利用现有的工具，必须从现在所处的位置而不是想要到达的位置出发。

1776年和1787年的保守主义反革命取得了西方历史上从未有过的成就：没有经历社会革命、数十年内战、极权主义暴政，就发展出一个具有新价值观、新信念、新权力、新整合机制的新社会。保守主义反革命不仅通过提供一个自由且功能健全的社会和政治选择而超越了极权主义革命，而且在没有使自己陷入极权主义和专制主义的前提下发展了所做出的选择。

现如今我们面临的任务似乎比1776年那代人的更艰巨、更宏大。因为我们知道他们的答案，所以可能倾向于低估他们面临的困难；因为我们不知道未来会发生什么，所以可能高估我们面临的困难。但可以肯定的是，我们唯有以1776年那代人秉持的原则和方法为基础，才能顺利完成所面临的任务。

第3章 | CHAPTER 3

保守主义的方法

（摘自1942年版《工业人的未来》）

如果自由工业社会能够以自由的、非革命的、非极权主义的方式发展起来，那么当前唯有一个国家可以做到，那就是美国。

20世纪会成为"美国世纪"，近些年这成为美国的一句流行语。以往，美国不参与大国政治，不发展持久的战略理念，不确定战略和军事边界位于何处，不表明哪些领土不允许被潜在敌人掌控。毫无疑问，如今美国再也承受不起这么做的代价。同样可以确定的是，美国人处理外交事务的两种传统态度即使没有消失，也已经过时。孤立主义[㊀]和干涉主义[㊁]都潜在地假设美国可以决定是否参与国际事务。现如今，美国已成为西方世界的领导力量（如果不是全球的话），已经不再能够决定是否参与。每当一个大国想要在大陆上谋求霸权时，甚至仅仅当国际权力关系发生变动时，美国都不得不表明

㊀ 孤立主义（isolationism），避免与其他国家发生政治和经济纠葛的国家政策，是美国历史上反复出现的政治议题，在华盛顿总统的告别演说中得到充分表述。——译者注

㊁ 干涉主义（interventionism），民族国家或其他地缘政治单位采取的一种非防御性外交政策。——译者注

自己的立场。

作为一个世界大国（或许是**唯一的**世界大国），美国当然会在政治上运用自己的力量，也就是发挥影响力。但如果美国世纪仅仅意味着美国在物质方面有优势，那么就将成为一个被浪费的世纪。当今有些人似乎认为，美国的天命在于战胜企图征服世界的纳粹，并使美国人取代希特勒的日耳曼民族成为优等民族；有些人甚至声称美国的天命在于“为民主而战”。但这条路不会使美国繁荣和伟大，只会导致美国衰落，并且也不会解除导致第二次世界大战的基本社会危机。如果 20 世纪要建设一个自由的、功能健全的工业社会，那么美国将不得不解决当前在原则和制度领域遇到的重大难题。只有到解决之时，20 世纪才会真正成为美国世纪。

极权主义国家的看法无疑是正确的，自从这些国家踏上征服世界的道路以来，美国就是最终的、真正的敌人。从物质层面来看，这是正确的；从政治和社会层面来看，这更为正确。

自由工业社会必须以工业为中心，必然需要我们尝试建设从未有过的事物——工业中的社会制度。在总体战[㊀]中，工业中的个人发挥重要的社会功能，具有清晰明确的社会地位，我们必须借鉴这一点以建设永久的、功能健全的社会组织。战争胜负首先取决于工业生产，我们必须据此在工业领域发展一种基于负责任自治的正当权力。换句话说，工厂必须被打造成一个功能健全的、自治的社交性社区。

当今时代社会危机的核心事实在于，工厂已成为基本的社会单位，但尚未成为一种社会机构。工厂唯有赋予员工社会地位和功能，工业社会才能顺利运行。此外，工厂中的权力唯有立足于员工的责任和决策，工业社会才能

㊀ 总体战（total war），是指一个国家动员所有能够运用的资源，摧毁另一个国家参与战争能力的军事冲突形态。此思想源自德国将军埃里希·鲁登道夫。——译者注

保持自由。当今的出路既不是全面计划，也不是返回 19 世纪的自由放任，而是构建基于局部自治与分权自治的工业组织。现如今，工人与管理层、生产者与消费者为赢得战争而团结在一起，着手构建这种工业组织可谓恰逢其时。

2

第二部分

极权主义的兴起

导言

《经济人的末日》是我撰写的第一本书，1938 年底在英国出版，几周后，也就是 1939 年初在美国出版。该书是第一本论述极权主义起源的著作，曾经是且现在依然是唯一把极权主义的兴起视为一种**欧洲**现象的著作，也就是说，该书认为极权主义的兴起是 19 世纪欧洲社会及信念（无论是资本主义还是左翼信条）崩溃的结果。

该书还是第一本，也是迄今唯一一本，把极权主义的兴起视为一种**社会**现象的著作。自从纳粹崛起以来，出版了大量相关著作，或许最著名的当属汉娜·阿伦特[㊀]的经典著作《极权主义的起源》（1951）。但所有这类著作都写于希特勒被击败之后，因此属于后见之明。《经济人的末日》是唯一一本事先审视极权主义（尤其是纳粹主义）的著作。因此可以说，该书表现出卓越的预测能力，预言了希特勒的“最终解决方案”，即企图灭绝欧洲所有的犹太人（这在当时任何地方的正派人士看来都是不可想象的），并整

㊀ 汉娜·阿伦特（Hannah Arendt，1906—1975），德裔美籍政治学家，以研究极权主义的起源闻名。——译者注

整提前1年预言了《苏德互不侵犯条约》的签署，在慕尼黑事件㊀之后短短几个月预言了希特勒不会被“安抚”，还断言在一个国家被德军占领**前**，西欧其他国家不会抵抗纳粹。

所有这些结论（虽然任何读过希特勒的著述并认真对待相关言论的人都必然会得出这些结论），在当时都令人难以接受。尽管如此，这本书依然取得了巨大成功，哪怕是“**丑闻式成功**”。在很大程度上，这要归功于丘吉尔。丘吉尔在伦敦的《泰晤士报文学副刊》(*Times Literary Supplement*) 发表了一篇充满赞许的书评，并在广受读者欢迎的每周专栏中多次讨论了相关内容。大约15个月后，也就是敦刻尔克大撤退之后，丘吉尔成为英国首相，㊁他下令给每位英国候补军官发一本《经济人的末日》。

关于欧洲社会的崩溃造就极权主义，《经济人的末日》即使不是唯一的著作，也可能仍然是最优秀的著作。但该书的最终结论——“恶魔”已经摧毁了资本主义和自由民主，欧洲国家不可能恢复如初，却大错特错。在1938年或1939年，甚至在六七年后希特勒和墨索里尼被打败，独裁政权被摧毁后，只有非常少的人（如果有的话）反对该结论。然而到1955年，在铁幕㊂西侧的整个欧洲，资本主义和自由民主都得以恢复。在那些年里，我本人为马歇尔计划㊃和世界银行做了大量工作，也就是说，为欧洲的复兴做出了努力，或者起码为防止欧洲被苏联统治做出了努力。我们没完没了地讨论欧洲复兴的原因，在许多方面，第二次世界大战后的欧洲要比20世

㊀ 1938年9月30日，英法德意四国领导人签署《慕尼黑协定》，英法牺牲了捷克斯洛伐克的利益，是绥靖政策最极端的表现。——译者注

㊁ 经核实，丘吉尔担任英国首相是在敦刻尔克大撤退之前。——译者注

㊂ 铁幕（Iron Curtain），指世界两大阵营在欧洲的分界线，出自1946年3月5日丘吉尔在美国富尔顿市威斯敏斯特学院发表的《铁幕演说》。——译者注

㊃ 马歇尔计划（Marshall Plan），正式名称为欧洲复兴方案，1947年6月5日由美国国务卿乔治·马歇尔提出，旨在恢复西欧国家的经济，以维护资本主义集团的利益。——译者注

纪 20 年代更接近 1913 年前，例如，多数左派人士都接受了基于市场的资本主义。

马歇尔计划显然是释放巨大潜在活力的导火索，但之所以推出马歇尔计划（并且是在极其匆忙的情况下），是因为在一个死气沉沉、令人绝望的大陆上（甚至在获胜的英国），绝对没有存在这种活力的任何迹象——经济活力和复苏迹象寥寥无几。那么，活力源自何处？

人们从未找到一个令人满意的答案。我本人多次尝试回答该问题，但每次都以失败告终。据我所知，没有其他人尝试过，遑论圆满回答。这是 20 世纪历史的重大未解之谜。

CHAPTER 4 | 第4章

再现的恶魔

(摘自1969年版《经济人的末日》序言)

在1939年初(30年前)首次出版时,《经济人的末日》这本书显得极其异类和非传统。当然,这本书绝不是唯一坚决反对极权主义信条的著作,甚至也不是唯一坚信纳粹无条件或无限度邪恶的著作。但数以百计的其他著作都为第二次世界大战前的希特勒进行了辩解,要么编造纳粹主义的伪历史,视之为"德意志民族性格的表现",要么把纳粹主义及法西斯主义[㊀]描绘成"资本主义的奄奄一息",认为推翻资本主义是未来的道路。然而,《经济人的末日》认为"民族性格"的解释在理智上非常拙劣。民族性格或民族历史或许可以解释处事方式,但不能解释事情是什么。《经济人的末日》认为纳粹主义及法西斯主义是欧洲国家普遍存在的弊病。

这些观点以及由此得出的结论,在20世纪30年代显得非常异类,甚至我本人在出版前也犹豫了很长时间。包含主要论点在内的初稿,实际上在1933年希特勒上台时已经写就。然而,尽管这些结论似乎是顺理成章的,

㊀ 纳粹主义是德国的极权主义,法西斯主义是意大利的极权主义。——译者注

但我对此深感不安，所以决定暂时搁置手稿，以便把结论与实际事件进行对照。即使我的预言已被 20 世纪 30 年代的事态发展证明无误，很长时间内也没有出版商愿意接受这本书，因为此书的下述结论过于“极端”：希特勒的反犹太主义将在自身内部逻辑的推动下走向灭绝犹太人的“最终解决方案”；西欧各国庞大的军队将无法有效抵抗纳粹德国；苏联最终会与纳粹德国签署协议。

直到 1938 年秋慕尼黑事件之后，出版商理查德·沃尔什（Richard J. Walsh，Sr.，约翰·戴出版社当时的负责人，已故）接受了这本书。即便在那时，他仍试图劝我缓和处理一下上述“极端”结论，建议我采取暗示方式而不是直截了当地说出来。沃尔什既是一名出版商，又是当时一名重要的自由派记者，消息异常灵通。他是一名勇敢的人，冒着很大的风险出版了这本书，并且也确实遭到“自由派”评论家的尖锐抨击。

不出所料，《经济人的末日》首次出版 6 个月之后，1939 年春天，莫斯科与柏林结盟。又过了 12 个月或 18 个月（1941 ～ 1942 年令人绝望的冬天），敦刻尔克大撤退后法国沦陷，英国成为首个与邪恶纳粹作战的国家，其官方把《经济人的末日》作为一本政治著作分发给准备上战场的年轻军官。

世界的“异化”不是 20 世纪 30 年代的政治术语，也不能在《经济人的末日》中找到。尽管如此，当时的西方人已经在西方社会与西方政治信条下变得异化，这是《经济人的末日》的中心论点之一。在某些方面，《经济人的末日》预测到了 10 多年后兴起的存在主义[㊀]，这股思潮主导了 20 世纪 40 年代末 50 年代初欧洲各国的政治氛围。《经济人的末日》中两个关键章节的标题分别为：“公众的绝望”“再现的恶魔”，这些术语尽管在今天已经

㊀ 存在主义（existentialism），一种哲学上的非理性主义思潮，认为人存在的意义是无法经由理性思考而得到答案的，强调个人、独立自主和主观经验。——译者注

耳熟能详，但在20世纪30年代的政治术语中，甚至在从当时一直追溯到法国大革命时期的政治术语中，都是非常罕见的。据我所知，作为一本政治学著作，《经济人的末日》最早把克尔凯郭尔[㊀]视为与现代政治相关的思想家。然而，与第二次世界大战以来大量关于存在主义和异化的著作形成鲜明对比的是，《经济人的末日》是一本社会学和政治学著作，而不是哲学著作，更不是神学著作。《经济人的末日》前言的第一句话是："这是一本政治学著作。"无疑，这本书涉及各种主义、哲学、政治信念，并用以分析具体的政治动态。这本书的主旨是一股势力的崛起而非观念的流行——这与人性无关，甚至也与社会的本质无关。《经济人的末日》讲述了一个特殊的历史事件：欧洲社会结构和政治结构的崩溃，导致纳粹主义崛起进而控制欧洲。这本书的内容是围绕政治、社会、经济而不是精神上的痛苦展开的。

当时，《经济人的末日》最不合时宜之处，或许在于对宗教信仰的尊重和对基督教会的关注。当代**政治**分析往往认为宗教是一种过时的遗物，教会是没有成效的反对派。莫斯科领导人那句著名的诘问："教皇手下有几个师？"就像在维多利亚时代的会客厅中的粗话一样令人震惊，但它直截了当地说出了大多数人熟知但用礼貌措辞掩饰起来的事实。然而，《经济人的末日》中有一章"教会的失败"，认为教会有望取得成功，也有望提供新基础。这一章把教会视为一个潜在的反对势力和可用的政治庇护场所。30年前的那代人仍然是18世纪启蒙运动和19世纪反教权主义[㊁]的后代，倾向于忽视基督教异议者（从克尔凯郭尔到法国的工人神父[㊂]），认为他们是孤立的浪漫

㊀ 克尔凯郭尔（Kierkegaard，1813—1855），丹麦哲学家，被视为存在主义的先导，他批判黑格尔哲学，强调人本主义，认为宇宙万物都是为了人而存在。——译者注

㊁ 反教权主义（anti-clericalism），是指反对教会在政治和社会问题上享有权威的理论，在近代欧洲主要表现为反对天主教的权威。——译者注

㊂ 工人神父（worker-priests），第二次世界大战后在法国和比利时出现，神父们脱下圣装，离开住所，到工厂和建筑工地工作，从而接触工人阶级。——译者注

主义者，无可救药地脱离了现实。据我所知，《经济人的末日》是第一本以当今的观点看待这些异议者的著作，把他们视为头脑冷静的现实主义者，致力于解决现代社会面临的真正难题。这使得该书既预示了第二次世界大战后欧洲国家基督教民主主义政党的出现（这是战后欧洲国家的一个显著特征），又预示了教皇若望[㊀]领导的天主教会“现代化”。

但《经济人的末日》也得出了下列结论：教会终究不能为欧洲社会和政治提供基础。尽管并非由于被时人忽视，但教会必然失败。宗教确实可以为个人的绝望和有关存在的痛苦提供出路，但不能为群众的绝望提供出路。恐怕这个结论在今天依然成立。西方人（事实上是当今所有人）尚未准备放弃这个世界。事实上，如果说人们真的希望得到救赎的话，那么人们寻找的仍然是世俗的救赎。教会（尤其是基督教会）可以且应该宣扬“社会福音”，但人们不应也不能用恩典代替政治，用救赎代替社会科学。宗教是任何社会的批评者，在不抛弃真正的王国（灵魂与上帝独处的王国）的情况下，宗教不会接受任何社会或社会计划。这既是教会作为社会良心的优势，也是其作为社会中政治势力与社会势力的致命弱点。

尽管我认识到在时人看来“不可避免的革命”不可能爆发，但我也明白新兴极权主义（尤其是德国纳粹主义）确实是一场货真价实的革命，旨在颠覆比经济组织更根本的价值观、信念、基本道德。这场革命用绝望取代了希望，用魔法取代了理性，用恐怖者疯狂的、嗜血的暴力取代了信念。

《经济人的末日》旨在对这场深刻危机展开具体的社会和政治分析。这本书并非作为“历史”来构思，它不是这样写的，也不“报道”事件，而是尽力理解事件。

㊀ 教皇若望（Pope John），此处是指若望二十三世（1958 ～ 1963），其于在位期间推进教会改革以适应时代发展，召开第二次梵蒂冈大公会议，倡导“清廉教会”。——译者注

因此，现如今《经济人的末日》可能被解读为那段时期的一幅画像，或许是一幅自画像，并且也可能体现了对两次世界大战之间那段噩梦岁月的一种感受。或许最强烈的感受是，30年后的我们几乎不可想象当年普遍存在的现实。

对于1969年的读者而言，1939年的现实中最令人惊讶的可能是，当时欧洲是世界舞台的中心。《经济人的末日》由居住在美国的作者撰写，他被美国的政治和经济深深吸引。事实上，这本书出版的时候，作者已经在讲授关于美国历史和美国经济的课程了。

然而，这本书理所当然地认为，欧洲发生的事件才是真正重要且具有决定性的。当然，《经济人的末日》多次提到富兰克林·罗斯福时代的美国。而且，显然作者从一开始就希望美国能够证明自身对正在摧毁欧洲的“传染病”具有免疫力，并在自身的制度和社会中战胜它。但除此之外，美国显然被当作一个旁观者。世界的命运与欧洲息息相关，并且取决于欧洲。

现如今，这种看法几乎令人难以置信。但在30年前，欧洲确实**是**世界舞台的中心。

《经济人的末日》清晰地表明，20世纪30年代的最终现实是真正的领导人完全缺失。政治舞台上充斥着各种人物。此前似乎从未有这么多政客如此卖力地工作。这些政客中不乏正派人，有些堪称非常能干之人。但除了德俄领导人之外，其他人都是些可怜的小人物；由于领导人缺失，许多庸才得以受人瞩目。帕彭[一]、拉瓦尔[二]、吉斯林[三]等恶棍都可谓政治侏儒，他们做出的

㊀ 帕彭（Papen，1879—1969），1932年6月1日至1932年11月17日任魏玛德国总理。——译者注

㊁ 拉瓦尔（Laval，1883—1945），1931年1月27日至1932年2月20日、1935年6月7日至1936年1月24日两度担任法国总理。——译者注

㊂ 吉斯林（Quisling，1887—1945），1942年2月1日至1945年5月9日担任纳粹占领下的挪威的总督。——译者注

邪恶叛国行为很大程度上出于愚蠢的误判。

当今的读者会提出异议："但是，有一位丘吉尔。"毫无疑问，丘吉尔领导欧洲抗击极权主义邪恶势力是至关重要的事件。用丘吉尔本人的话来说，那是"命运的转折"[一]，当今读者确实可能低估丘吉尔的重要性。在敦刻尔克大撤退和法国沦陷之后，直到丘吉尔成为世界各国自由人民的领袖前，希特勒的行动显然从未失算。丘吉尔出现之后，希特勒就永远"出局"了，再也没有重新找回他的时机意识或预测每个对手具体行动的神奇能力。20 世纪 30 年代精明的算计者变成了 40 年代疯狂的、失控的莽撞之徒。在这些事件发生 30 年后的今天，人们可能难以认识到，如果没有丘吉尔，美国很可能已经接受纳粹对欧洲以及当时很大程度上仍完好无损的欧洲殖民地的统治。事实上，若不是丘吉尔在 1 年前打破了纳粹不可战胜的神话，[二]即使是莫斯科也很可能无法抵抗纳粹侵略。丘吉尔给出的恰恰是欧洲需要的道德权威、价值信仰、对理性行动正确性的信念。

但这些都是后见之明。《经济人的末日》提到了丘吉尔，并对他予以极大的尊重。事实上，现在读当时写的文字，我内心希望丘吉尔真的具有卓越领导力，但当时我对此怀有疑虑。我也从未认同当时大量消息灵通人士（如罗斯福在华盛顿的许多随从）向其寻求救助的**伪**领导人（如贝当元帅[三]）。然而在 1939 年，丘吉尔是一位早该出现的人物：一位接近 70 岁的无权老人；尽管（或许是由于）言辞慷慨激昂，但仍犹如让听众厌烦的卡珊德拉[四]；他是两届失败者，无论作为反对派多么辉煌，都已证明自身不足以胜任当时的职

[一] 命运的转折（The Hinge of Fate），这是丘吉尔六卷本《第二次世界大战回忆录》中第四卷的标题。——译者注

[二] 此处是指英伦空战，即 1940 年 7 月至 1941 年 5 月纳粹德国对英国发动的大规模空战，此战打破了德军在战争初期的全胜战绩，为盟军的最终胜利奠定了士气基础。——译者注

[三] 贝当元帅（Marshal Pétain，1856—1951），第一次世界大战期间率领法军赢得凡尔登战役的胜利，第二次世界大战期间与轴心国合作，出任维希政府首脑。——译者注

[四] 卡珊德拉（Cassandra），希腊神话中的人物，有预言能力，但不被人相信。——译者注

务要求。我知道，即便在 1940 年，当“慕尼黑人”因法国沦陷和敦刻尔克大撤退而下台时，人们也难以相信丘吉尔必然成为继任者。现在我们已经知道，还有其他几位首相候选人，其中一两位实际上占据了“有利地位”，并且差点得到任命。

1940 年丘吉尔的出现（本书首次出版 1 年多之后）是对基本道德和政治价值的重申，《经济人的末日》曾深深期盼并为之祈祷。但在 1939 年，人们能做的只有期盼和祈祷。现实是缺乏领导人，缺少重申，没有价值观与原则坚定之人。

第 5 章 | CHAPTER 5

极权主义的兴起

（摘自 1938、1939 年版《经济人的末日》）

法西斯主义是欧洲精神秩序和社会秩序崩溃造成的后果。

无论个人生活在什么社会秩序中，获取利润始终是个人的主要动机之一，且未来将永远如此。但资本主义信条是第一种，也是唯一一种这样的社会信条：主动把利润动机视为自动实现理想的自由平等社会的手段。以前所有的社会信条都认为，追求私利的动机对社会具有破坏性，或者至少无害也无利。因此，资本主义必须赋予经济领域自治权和独立地位，这意味着经济活动不应受到非经济因素的干扰，而应居于更高的地位。所有社会力量都必须聚焦于实现经济目标，因为经济进步带来了社会千禧年的承诺。这就是资本主义。缺乏这种社会目标，资本主义既失去了意义，又丧失了证成性，更不可能存在。

无论对无产阶级而言，还是对经济和社会方面获益最多的中产阶级而言，尽管资本主义取得了巨大的物质成就，但经济自由未能实现平等，这摧毁了 20 世纪初欧洲人对资本主义社会制度的信念。

在基督教文化的熏陶下，自由和平等成为欧洲的两个基本观念；它们本身就代表了欧洲。两千年以来，欧洲的所有秩序和信条都产生于基督教秩序，把自由和平等作为目标，并以承诺最终实现自由和平等作为其证成。欧洲史就是一部把这些观念投射到社会存在现实中的历史。

自由和平等的实现首先诉诸精神领域。现世之外的世上人人平等，并且彼世的命运取决于现世的行动和思想，因此现世不过是为彼世的生命做准备。像 18 世纪的人士声称的那样，这可能不过是当时使人们保持顺服的手段。但对 11 世纪或 13 世纪的人而言，这种承诺真实有效。教堂门口每幅“最后的审判”都表明，教皇、主教、国王都将受到审判，这不是叛逆石匠自己的浪漫幻想，而是历史上人们把自由和平等投射到精神领域——把人视为“属灵人”（Spiritual Man）的真实表现，把人在世界和社会中的地位作为在精神秩序中的地位。

这导致神学成为一门“精密科学”。

当这种秩序崩溃后，自由和平等被投射到智识领域。路德宗[㊀]信条允许人们运用自由平等的智识来解释《圣经》（尽管既不是唯一的，也不是最后的）以决定自己的命运，这是智识人（Intellectual Man）秩序的最崇高变形。该秩序崩溃后，自由和平等被投射到社会领域：人首先是政治人，然后是经济人。自由变成了社会和经济的自由，平等变成了社会和经济的平等。人的本性成为在社会和经济秩序（在这种秩序中人的存在找到了解释和理由）中所处地位的函数。

㊀ 路德宗（Lutheran），又称信义宗，源自 16 世纪德国神学家马丁·路德发起的宗教改革运动。——译者注

在旧的资本主义秩序瓦解后，新秩序并未出现。我们所处时代的特征是，在表象之下，没有任何关于人性的新观念可以取代经济人，没有任何人类活动的新领域可以作为自由和平等的投射对象。因此，欧洲无法根据旧观念来解释和证成旧社会秩序，同时它尚未获得或发展出一种新观念，并从中培育出有效的新社会价值观、一种新秩序存在的新理由，以及推导出对人在其中地位的解释。

由于经济人的崩溃，个人被剥夺了自己的社会秩序及理性所处的世界。个人再也不能自我解释或理解为与生活的世界有理性关联和协调的存在，也无法把世界、社会现实同自身的存在相协调。个人在社会中的功能已经变得不理性和无意义。在一台庞大的机器中，个人孤立无援。个人无法接受这台机器的目的和意义，也不能基于自身的经验加以解释。社会不再是追求共同目的的个人结合在一起的社区，而是成为一群毫无目的、孤立无援、混乱喧嚣的乌合之众。

灾难打破了人们习以为常的惯例，这些惯例让人们把现有的方式、制度与原则视为不可改变的自然法则。灾难突然暴露了社会表象背后的空白。欧洲公众第一次认识到，这个社会的存在并非由理性和明智的力量支配，而是由盲目的、非理性的、邪恶的力量支配。世界大战和经济大萧条导致了**恶魔的再现**。

根据人们的经验，战争表明个人会突然作为一个孤立的、无助的、无力的原子被置于非理性的怪物般的世界。人人自由平等，个人的命运主要取决于自身的功绩和努力，这种社会观念被证明是一种错觉。

经济大萧条表明，非理性和无法预测的力量（突然永久性失业的威胁，在壮年甚至尚未开始工作时就被工业体系抛弃的威胁）也统治着和平时期的社会。对抗这些力量的个人发现自身是无助的、孤立的、原子化的，如同对抗战争机器的力量一样。个人无法确定失业将在何时发生，为何发生；个人无法对抗失业，甚至无法逃避。经济大萧条使社会显得完全失去理性。社会似乎不再被“力量”统治，而是被恶魔统治。

但人们不能容忍一个由恶魔力量统治的世界。因此，在欧洲的任何地方，人们在评判经济社会的信念和原则时，只能看是威胁要激怒恶魔，还是承诺要避免和驱逐恶魔。使一切服从这个至关重要的、至高无上新目标的倾向，导致人们追求经济进步的整个态度发生了逆转。

在过去几年中，人们从拒绝少数领域的经济进步发展到全盘拒绝经济进步。对进步之神，甚至连口头上的应酬话都不再说了。相反，安全（免于萧条的安全、免于失业的安全、免于进步的安全）已成为至高无上的目标。如果进步妨碍了安全，那就必须放弃进步。而且，一旦出现新的萧条，任何欧洲国家都会毫不犹豫采取一些措施，即使这些措施会妨碍进步，并导致经济倒退和持续贫困，但只要有可能驱逐恶魔，或者至少缓和恶魔的袭击就可以。

民主的旧信念和旧制度同样沦落至从属地位。保护持不同意见的少数人、通过自由讨论澄清问题、平等各方之间相互妥协等民主的旧目标和成就，无助于完成驱逐恶魔的新任务。因此，为实现上述目标而设计的制度机构变得毫无意义且束手无策。这些制度不再妥善，也不再糟糕；对普通人而言，它们变得彻底无关紧要且无法理解。个人无法理解，仅仅20年前妇女普选权和投票权还是头号政治议题。乐观主义者可能会自我欺骗，相信这种冷漠是出于“技术错误”。比例代表制[㊀]在英国被宣传为一种灵丹妙药，这恰恰就像希特勒之前的德国鼓吹废除比例代表制一样。但民主的实质日渐式微，无法用机械的公式来挽救。只要民主深深植根于传统和人民为之奋斗、受苦的历史良知之中，民主在感情上就仍然具有强烈的吸引力。但当面对以放弃民主作

㊀ 比例代表制（proportional representation），议会选举中分配议席的一种方法，根据每一参选组别所得选票占全部选票的百分比分配议席，从而反映社会的多元意见。——译者注

为驱逐恶魔的代价这种现实要求时，民主的吸引力就消失得无影无踪了。

最后，自由的观念本身已经被贬低。

经济自由不会带来平等，这已得到证明。根据自身最大的经济利益（经济自由的本质）行事，已丧失了原先被赋予的社会价值。无论把经济利益置于首位是否符合人的本性，由于不能促进平等，公众已经不再认为经济行为本身对社会有益。因此，如果失业的威胁、萧条的危险、经济牺牲的风险变得不那么迫在眉睫，那么削减或放弃经济自由就是可以接受的，甚至受到欢迎。

如果削减或放弃经济自由有望重建世界的合理性，那么公众已经准备好了抛弃自由。如果自由与平等不能兼容，那么公众将放弃自由。如果自由与安全不能兼得，那么他们将选择安全。由于现有的自由无助于驱逐恶魔，所以自由与否已成为次要问题。由于“自由”社会是一个受到恶魔威胁的社会，那么指责自由，并期望通过放弃自由而从绝望中解脱，貌似就更加有理了。

纵观欧洲历史，自由始终是个人的权利。选择善恶的自由、良心自由、宗教信仰自由、政治自由、经济自由——除了作为个人对抗多数人和组织化社会的自由外，上述自由都变得没有任何意义。

然而，欧洲鼓吹的新自由是多数人对抗个人的权利。被国际社会接受的《慕尼黑协定》把德意志人占绝对多数的全部领土交给了德国。这些地区的少数民族，即使占到总人口的 49.9%，也被剥夺了所有权利和所有自由。多数人的无限权利不是自由，而是特许。

但正式民主的形式（通过投票虚构的舆论、民意以及每位选民在形式上平等）得到了维护。希特勒和墨索里尼都声称已实现唯一“真正的民主”，因为他们的政府代表了 99% 人民的意愿。然而，通过把投票反对他们定为犯罪行为，两人都公开放弃了任何人都享有投票自由的幌子。归根结底，两人都声称自己不是依靠公众授权而是通过权力神授进行统治。

这是我们时代的一个最重要且前所未有的特征。仅有口号和形式的外表被作为一个空壳维系着，而整个结构必然被废弃。对公众而言，工业秩序的实质越难以忍受，就越有必要仅保留表面形式。

法西斯主义崛起的真正原因就在于这种冲突。它源于当今时代的基本特征：新信条和新秩序的缺失。旧秩序已经不再有效、不再现实，并且世界因此变得非理性和邪恶。但并未出现为新信念奠定基础的新秩序，也没有从中发展出新形式和新制度把社会现实组织起来，以便使我们能够树立一个新的最高目标。由于会造成公众难以承受的精神错乱，所以我们无法维持旧秩序的实质。由于会造成同样令人难以忍受的社会和经济混乱，所以我们也不能放弃旧形式和旧制度。绝望的公众要求找到一条出路，既能提供一种新实质，又能承载一种新的合理性，还能使旧外在形式得以维系。这正是法西斯主义要完成的任务。

该任务的性质解释了法西斯主义者对“合法性”与“法律延续性”的强调，这种强调一直困扰着许多观察者，因而他们未能认清这场运动所具有的革命性。根据所有历史经验，革命的荣光在于打破旧外表，孕育新形式、新制度、新口号。但是，即便革命正如火如荼地开展，眼光敏锐的观察家总会注意到，社会的实质变化非常缓慢，甚至往往根本没有变化。法西斯主义无情地把旧秩序的实质摧毁了，但最表面的旧形式被小心翼翼地保存了下来。先前任何革命都不会在保留兴登堡[㊀]魏玛德国总统职位的同时废除他统治的共和政体。这种对所有历史规则的歪曲在法西斯主义中是不可避免的，它必须在破坏实质的同时保留形式。

法西斯主义反对且废除所有自由，这同样必然源于其自身的任务。由于

㊀ 保罗·兴登堡（Paul Hindenburg，1847—1934），第一次世界大战期间任德国陆军元帅，1925～1934年任魏玛德国第二任总统，1933年任命希特勒担任总理。——译者注

法西斯主义兴起的原因在于缺少一个自由可以投射到其中的人类活动新领域，所以法西斯主义试图赋予社会的新实质必然是一个不自由社会的不自由实质。同样必然的是，所有自由一定会对不自由的新目标表现出敌意，而新目标的实现取决于彻底强迫和完全服从。因此，法西斯主义本质上必须否认欧洲的所有原则、所有理念、所有信条，原因是它们都立足于自由观念。由于法西斯主义越来越难以挽救欧洲以往空洞外表的形式、口号、装饰等，所以它的信条必然变得越来越消极。

最后，法西斯主义的本质解释了它为什么不得不违背理性，为什么人们认为它违背了信念。法西斯主义只有通过奇迹才能完成任务。维持外在形式（引出了恶魔）与给出新实质（驱逐或合理化该恶魔）之间存在理性无法解决的矛盾。但由于公众对彻底无意义的绝望和对社会混乱的绝望都不能忍受，所以法西斯主义必须解决该矛盾。法西斯主义者必须把公众的希望变成奇迹。在绝望的深渊中，理性不能被相信，真理必然是假的，谎言一定是真理。1932 年，我曾经听到希勒特在一次公开演讲中声称："我们既不想要更高的面包价格，又不想要更低的面包价格，我们想要民族社会主义[㊀]的面包价格。"随后台下的 5000 名听众疯狂地欢呼起来。"更高的面包价格"和"更低的面包价格"都已经失败，唯一的希望在于上述两种价格之外的面包价格，此前任何人都从未见过该价格，并且这种价格证明理性不能被相信。

正因为与理性背道而驰，且无一例外地拒绝过往的一切，所以公众纷纷皈依法西斯主义和纳粹主义，投入墨索里尼和希特勒的怀抱。巫师之所以是巫师，是因为他以超自然方式做超自然之事，这种超自然方式是所有理性传统都闻所未闻的，也不符合所有逻辑法则。欧洲公众需要且要求出现一位能够创造伟大奇迹的巫师，来减轻他们对被恶魔重新征服后的艰难时世的恐惧。

㊀ 在德语中，民族社会主义与纳粹主义几乎等同，唯一的区别在于前者是两个单词分开拼写（nationaler sozialismus），后者是合在一起拼写（nationalersozialismus）。——译者注

最不为人所知的是，德意极权主义最根本的特征是：企图用非经济满足代替经济满足、奖金与照顾，并作为个人在工业社会中等级、地位与功能的基础。

非经济性工业社会成为法西斯主义的社会奇迹，使得工业社会的维系成为可能且变得合理，因此必然造成经济上不平等的生产体系。

极权主义社会是资本主义的还是社会主义的，这是一个悬而未决的问题。实际上都不是。法西斯主义者认为两者都徒劳无功，因此谋求一种能够超越两者的不以经济因素为基础的社会。极权主义社会唯一的经济利益是保持工业生产机器的良好工作状态。由于经济成果完全附属于主要社会任务，所以牺牲谁的利益和谁获得收益都是次要问题。

法西斯主义对私人利益至上的资本主义怀有敌意，同时也对社会主义保有敌意。两种同时存在的敌意显然相互矛盾，尽管这会让人们摸不着头脑，但正是法西斯主义真实意图的一贯表现。法西斯主义和纳粹主义虽是社会革命，但并非社会主义；虽维系工业体系，但并非资本主义。

如同之前的许多革命领导者，墨索里尼和希特勒可能不理解自己领导的革命的本质。社会的需要迫使他们创造新的非经济满足和荣誉，并最终推出一项社会政策，旨在建设一个全面的非经济社会，将工业生产体系与之并列，或使其内部具有一套工业生产体系。

朝这个方向迈出的第一步，是为贫困的下层阶级提供某些与经济特权有关的非经济待遇。这些尝试主要由法西斯组织在工人的闲暇时间加以安排，如意大利的“国家康乐俱乐部”[㊀]、德国的“力量来自欢乐”[㊁]。当然，打造这些强制性组织主要是作为对潜在危险和敌对阶级进行政治控制的手段，内

㊀ “国家康乐俱乐部”（DopoLavoro），可直译为“下班后”，1925年意大利法西斯党创立的成年人休闲娱乐组织。——译者注

㊁ “力量来自欢乐”（Kraft durch Freude），纳粹德国一个具有政府背景的大型休假组织，1933年成立，是向德国人民宣扬民族社会主义优越性的工具。——译者注

部充斥着大量警察间谍和宣传员，他们的职责在于阻止任何未得到适当监督的工人集会。提供这些待遇，旨在贿赂工人。尽管经济贿赂可能在财务方面成本更低，但法西斯主义组织为工人提供的休闲，除了宣传以及常见的政治和技术教育之外，还包括剧院、歌剧、音乐会门票，到阿尔卑斯山和国外的旅行，冬天乘船游览地中海和非洲，夏天乘船游览北角[一]等。换句话说，它们提供了典型的非经济“炫耀性消费”[二]，这些消费通常只有掌握经济财富和特权的有闲阶级才能享受。这些满足本身没有任何经济价值，但它们是社会地位的有力象征，旨在通过一套社会平等措施弥补持续的经济不平等。它们在很大程度上被工人阶级接受，尤其是在德国。因此，闲暇时间的组织在解决法西斯主义面临的任务中发挥了明确的、极端重要的功能，使现有的经济不平等看起来比以前更容易忍受。

无独有偶，法西斯主义组织也企图切断其他阶级社会地位和经济地位之间的联系，并把这些阶级的社会地位建立在经济领域之外的因素上。例如，把五朔节转变为劳动者的节日，并提升为纳粹政权最重要的假期，象征性地体现了工人阶级的社会地位、不可或缺与平等。纳粹宣称工人是国家的“精神核心”，决定了法西斯主义努力发展的、关于人的新理念——英雄人，这种人随时准备自我牺牲，高度自律，自我克制，“内在平等”，所有这些都与经济地位无关。

中产阶级根据另一种非经济要求（平等且不可或缺的社会地位）被区分开来，被宣传为“民族文化的旗手”。“领袖原则”[三]（即英雄个人进行领导

㊀ 北角（North Cape），挪威的著名旅游景点，游客可以在气候条件良好时观看午夜太阳，并向北眺望巴伦支海。——译者注

㊁ 制度经济学家凡勃仑在《有闲阶级论》中首次提出“炫耀性消费”的概念，是指购买奢侈品或服务以显示购买者的收入水平或财富实力。——译者注

㊂ “领袖原则”（fuehrer prinzip），简单地讲，即“元首的话高于一切成文法律”，政府政策、决定和办公机构应为该目标的实现而努力，该原则规定了纳粹德国政治权威的根本基础。——译者注

的原则）确定了工业企业家阶级的社会地位，该原则也声称完全基于非经济方面的区别。领导者的社会地位和功能并不取决于经济功能和财富。一名领导者必须证明自身在精神领域合格，并且如果在这点上不合格，那么他的经济地位就必须被剥夺，这个欺骗性命题得到了提出者和许多其他人的认真对待。

准军事组织、法西斯民兵队伍、突击队、精锐卫队、希特勒青年团、妇女组织等同样为非经济目的服务。这些势力和组织的军事价值微不足道。在德国，把他们作为辅助军团的想法很早就放弃了。这些组织的军事价值越低，社会价值就越高。这类组织的目的是给弱势阶级提供一个重要的生活领域，以便他们在该领域发号施令，同时在经济领域服从特权阶级。在纳粹突击队和法西斯民兵队伍中，最受人关注的是晋升完全不考虑阶级因素。这类组织的构成，从社会角度来衡量，具有混合性。“老板”的儿子或“老板”本人可能被故意安排在一名党龄较长的非熟练工人手下。同样的原则也适用于儿童和青少年组织。尽管为纳粹培养未来精英的“骑士团学院”的官方选拔标准仅限于健康与可靠，但在德国有传言称该学院不会录取富家子弟。

然而，上述尝试最多只能算是对真实事物的拙劣替代。它们补偿了经济上的不平等，但不能消除作为一种社会差别因素的经济不平等。它们有一定效果，如同车祸中失去一条腿的人可以把保险费视为足够的补偿，然而任何保险费都不能还给他一条健康的腿。因此，就算上述尝试取得圆满成功也是不够的。从理论上讲，它们可能会使所有阶层在社会基本领域实现平等，这足以补偿不可避免的刚性经济不平等。

但它们不能提供一项明确的建设性社会组织原则，该原则会遵循非经济秩序的价值赋予个人在非经济社会中特定的地位和功能。

因此确定无疑的是，极权主义不可能成功。极权主义是对新社会秩序缺失的掩饰，而不是新社会秩序本身。

3

第三部分

政府的弊病

导　言

在我写过的所有作品中，具有最大政治影响力的莫过于1969年出版的《不连续的时代》中“政府的弊病”一章，本书第7章摘录于此。

正如撒切尔夫人多次公开表示的那样，她推出的政策在很大程度上源于这一章。例如，这一章发明并倡导“私有化”，我最初称之为“**再**私有化”。而且这一章为她提供了关键论点：要想有效，政府必须停止“做”，而应聚焦于制定政策和决策、设立标准、提供愿景，也就是进行治理。本书的“政府的弊病”一章（是《不连续的时代》中相关章节的一部分）还提供了在20世纪70年代帮助日本成为世界第二经济强国的基本政策理念，当时的日本首相如此断言。事实上，他的1970年新年贺词的大部分内容都与《不连续的时代》这本书（尤其是这一章）有关。㊀

在很大程度上，上述政治反应是时间上的偶然。在那以前我也提出过许多类似的观点（例如，在我1949年的著作《新社会》中），但并未引起任何人的关注。事实上，如果这些观点受到重视，那么它们通常会被误解为支持**软弱**政府而不是**有效**政府。50多年来（从第一次世界大战到20世纪

㊀ 1970年日本首相为自民党总裁佐藤荣作（1964～1972）。——译者注

70 年代撒切尔夫人上台），几乎所有人都相信，政府规模越大、**做**得越多，就越有效。在这 50 多年中，整个世界（尤其是发达国家）都被政府迷惑了，错误地相信任何社会任务一旦被交给政府处理，那么就代表已经**完成**了。这种信念在民主国家和专制国家中同样普遍存在——二者的不同在于对个人权利的信念而不是对政府和国家能力的信念。但到了 20 世纪 60 年代末，已有足够证据表明作为行动者的政府昏庸无能，从而促使人们开始讨论政府的局限性，这是“政府的弊病”一章的主题。本部分的“从民族国家到万能国家”一章摘自 1993 年出版的《知识社会》，梳理了导致万能国家和“政府的弊病”的基本历史脉络。

第6章 | CHAPTER 6

从民族国家到万能国家

（摘自1993年版《知识社会》）

人人都知道（每本历史教科书都如此教导），过去400年的世界史是西方民族国家[一]的时代。这一次，人人都知道的确实是事实，并且是一个自相矛盾的事实。

400年来，所有重大的政治崛起都试图超越民族国家，代之以一套跨国政治体系，包括殖民帝国、欧洲（或亚洲）的超大国家。在这几个世纪中，大型殖民帝国兴衰沉浮：16世纪崛起、19世纪初崩溃的西班牙帝国和葡萄牙帝国，接下来是17世纪崛起一直延续到20世纪的英国、荷兰、法国、俄罗斯帝国。在这400年中，一旦某个大国登上世界历史舞台，就会迅速着手超越民族国家，并转变为帝国。例如，刚刚完成统一的德国和意大利在1880年至第一次世界大战期间进行殖民扩张，且20世纪30年代后期意大利试图再次扩张。甚至美国在20世纪初也成为一个殖民帝国。成为民族国

[一] 民族国家（national state），西方政治学的基本概念，一般是指由某个民族统治的典型主权国家，在欧洲中世纪教权扩张的背景下强调主权，19世纪以来成为基本的政治单位。——译者注

家的唯一非西方国家——日本，同样如此。

400 年来，民族国家的发源地欧洲本土一次又一次被建立跨民族超大国家的企图支配。

在这段历史时期，先后六次，有的民族国家企图成为整个欧洲的统治者，并把欧洲大陆变为受其控制和支配的超大国家。首次尝试者是 16 世纪中期开始崛起的西班牙，当时西班牙刚刚成为一个统一国家，由众多争吵不休的王国、公国、郡县、自由城市构成，它们不稳定地团结在一位国王周围。西班牙始终没有放弃主宰欧洲的梦想，直到 100 年后该国的经济和军事力量崩溃。紧接着是法国，先后在黎塞留[一]和路易十四带领下从西班牙终止的地方起飞，75 年之后法国在财力和精力上不堪重负，也以失败告终。这并没有让另一位法国统治者拿破仑望而却步，仅仅 75 年之后，法国再次使整个欧洲陷入长达 20 年的战争与动荡，拿破仑试图成为整个欧洲的统治者，从而建立由一个法国支配的欧洲超大国家。再往后，德国在 20 世纪发动了两场争夺欧洲霸主地位的战争。同样，日本一成为民族国家就试图建立一个西方式殖民帝国，并且仿效西方各国的做法，企图在 20 世纪建立一个由日本支配的亚洲超大国家。

事实上，并非民族国家孕育了帝国。民族国家的崛起本身是对跨国驱动力的回应。西班牙帝国在美洲采集了大量黄金白银，以至于腓力二世[二]（查理五世的儿子和继承人）在位时期的西班牙有能力资助自罗马军团以来的首支常备军——西班牙步兵团，这可谓第一个“现代”组织。装备精良的西班牙发动了第一次征服欧洲的战争，这是将欧洲统一到西班牙统治下的首次尝试。对抗西班牙的威胁成为民族国家概念的发明者、法国政治学家兼法学家

㊀ 黎塞留（Richelieu，1585—1642），法国国王路易十三的首席大臣，巩固了法国的中央集权。——译者注

㊁ 腓力二世（Philip Ⅱ，1527—1598），神圣罗马帝国皇帝，1556 ~ 1598 年任西班牙国王，笃信天主教，在位期间西班牙的国力达到巅峰。——译者注

让・博丹[1]在其著作《国家六论》(1576 年)中宣称的动机和目标。

西班牙的威胁使博丹提出的民族国家成为整个欧洲的"进步"事业。正因为来自西班牙的威胁非常严峻、非常急迫，博丹的建议才被君主们纷纷接受。在 16 世纪晚期，博丹的民族国家模式看起来纯粹是幻想。博丹指出，民族国家需要设立一个由中央控制的行政部门，只对君主负责；中央控制军队，常备军的职业军官由中央政府任命并对中央政府负责；中央政府控制货币、税收、海关；中央政府任命专职法官行使司法权，而专职法官不能由地方要人担任。所有上述建议都与罗马帝国崩溃后 1000 年中的现实背道而驰，并且都强烈威胁到根深蒂固的"特殊利益"群体：自治教会、享受豁免权的主教和修道院；大大小小的领主，每个领主都有只效忠于自己的武装随从，且在领地内享有司法权和征税权；自由城市与自治的商业公会；等等。

但在西班牙征服欧洲的威胁下，这些"特殊利益"群体别无选择：要么臣服于本国君主，要么被外国君主征服。

从那时起，欧洲民族国家政治结构的每一次变化实际上都由类似的企图引起（或至少是触发），即控制欧洲并用一个超大国家（依次是法国、德国、俄国）取代民族国家。

因此，人们可能期望政治科学家研究殖民帝国，并提出一套相关的政治理论。然而，政治科学家在这两方面什么都没有做。相反，他们聚焦于有关民族国家的政治理论和制度体系。人们可能期望历史学家研究欧洲的超大国家。但每所大学中著名的历史讲席教授都致力于研究**民族国家**历史。著名的历史书都旨在研究民族国家问题——英国、法国、美国、西班牙、德国、意大利、俄国等。英国曾经在很长一段时期内是世界上最大、最成功的殖民帝国，但即使在英国，历史研究与教学也以民族国家为中心。

---

[1] 让・博丹（Jean Bodin，约 1530—1596），法国政治学家、法学家，因提出国家主权理论而闻名，代表作《国家六论》。——译者注

现代帝国缺乏整合能力。单独的民族国家能够实现整合，形成一个政体（一个政治社会），可以创造公民权。

所有现代帝国和所有超大国家都已经崩溃，原因是它们无法超越民族国家，更不可能成为民族国家的继承者。

尽管民族国家是几个世纪以来帝国和超大国家中唯一的政治现实，但在过去 100 年中已经发生了深刻变化。**民族国家变异成了万能国家。**

到 1870 年，民族国家已在世界各地取得胜利，甚至奥地利也成了奥匈帝国[一]——由两个民族国家组成的联邦，并且 1870 年的民族国家在外观和行为上仍然与 300 年前博丹提出的主权民族国家别无二致。但一个世纪后，1970 年的民族国家与博丹提出的民族国家或 1870 年的民族国家几乎没有相似之处。民族国家已经变异成了**万能国家，**或许它与 1870 年的民族国家有共同的起源，但二者的区别犹如美洲豹与小花猫。

民族国家旨在成为民间团体的守护者。

万能国家则成为民间团体的主人。万能国家的极端是极权主义国家，完全取代了民间团体。在极权主义国家中，所有社会都成为政治社会。

民族国家旨在保护公民的生命、自由与财产权不受政府专断行为的侵犯。即使最不极端的英美式万能国家，也认为公民拥有的财产只能由收税员处理。正如约瑟夫·熊彼特[二]1918 年在论文《财政国家》[三]中首次指出的那样，万能国家坚称公民只能拥有政府（明确地或默认地）允许他们保留的

[一] 奥匈帝国（Austria-Hungary），1867 年根据奥地利和匈牙利的协议建立的二元帝国，第一次世界大战后瓦解。——译者注

[二] 约瑟夫·熊彼特（Joseph A. Schumpeter，1883—1950），奥地利裔美籍经济学家，提出“创新理论”，认为创新是资本主义的本质，企业家是资本主义的灵魂。——译者注

[三]《财政国家》（*The Fiscal State*），经查证，该文以德语 *Die Krise des Steuerstaates* 为题目，发表于 1918 年第 4 期《社会领域的时间问题》杂志，英文全译名为《税赋国家的危机》（*The Crisis of the Tax State*），本书原文中使用的是论文题目的简称。——译者注

东西。

博丹式民族国家的首要功能是维系民间团体（尤其是在战争时期）。这实际上就是“防卫”的意思。

万能国家使和平时期与战争时期的界限越来越模糊了。“冷战”已经取代了和平。

从民族国家向万能国家的转变始于 19 世纪的最后几十年。迈向万能国家的第一小步，是 19 世纪 80 年代俾斯麦发明的福利国家。俾斯麦的目标是与蓬勃兴起的社会主义运动做斗争。福利国家是对各阶级互相斗争的回应。以前政府只被视为一种政治机构。俾斯麦使政府成为一种社会机构，他采取的福利措施都非常温和，包括健康保险、工业事故保险、养老金，30 年后，也就是第一次世界大战结束后，英国才开始推行失业保险。但福利国家的原则非常激进，其影响比据此采取的个别措施所产生的影响要大得多。

在 20 世纪二三十年代，法西斯、纳粹接管了社会机构。但在民主国家，政府仍然仅限于提供保险，或者至多提供款项。总体来看，民主国家政府依然没有从事实际的社会工作，或者强迫公民采取适当的社会行为。

第二次世界大战后，这种状况迅速发生了变化。政府从供应者变成了**管理者**。传统福利国家措施的最后一项，也可以说最成功的一项，是第二次世界大战刚结束后美国颁布的《退伍军人权利法案》㊀，该法案给予每位回国的退伍老兵进入高等院校接受教育的机会。

然而，政府并未规定退伍老兵应该进入哪所高校，也没有企图开办任何高校。如果退伍老兵选择进入高校学习，政府会提供资助；老兵自主决定去哪所高校以及学习什么专业。而且，没有规定高校必须接受所有申请。

㊀《退伍军人权利法案》（GI Bill of Rights），1944 年美国国会通过的法案，规定美国将为参加过第二次世界大战的老兵提供大学学费、低息抵押贷款、小企业贷款、就业培训、优先就业权、失业补助金等福利。——译者注

第二次世界大战刚结束时，另一项重要的社会计划是英国国家医疗服务体系[1]，这是第一个（极权主义国家之外）让政府超越保险或提供者角色的计划，但仅仅超越了一部分。在标准医疗保健方面，政府在国民医疗服务体系中作为承保人，负责补偿照顾病患的医生。

但医生不会成为政府雇员；病患选择哪位医生也不受任何限制。另外，纳入国家医疗服务体系的医院和住院治疗被政府接管。这些医院的工作人员成了政府雇员，政府实际上管理着医院。这是政府改变其在社会领域中的角色的第一步。政府不再是规则制定者、促进者、承保人、支付代理人，而是行动者和管理者。

到1960年，政府是解决所有社会难题和所有社会任务的合适行为主体，这已成为所有西方发达国家普遍接受的观点。实际上，人们往往质疑社会领域中非政府的、私人的活动，所谓“自由主义者”认为这类活动是“反动的”或“歧视性的”。在美国，特别是在企图通过政府行动或政府命令来改变多种族社会中人们的行为的过程中，政府成为社会领域中的实际行动者。迄今为止，在政府企图通过命令来改变社会价值观和个人行为，以消除种族、年龄、性别歧视方面，美国是极权主义国家之外唯一这么做的国家。

19世纪后期民族国家开始转变为一种经济机构。第一步是美国发明了政府对企业的规制和资本主义经济中新企业的政府所有权。从19世纪70年代开始，对企业（银行、铁路、电力、电话）的规制在美国逐步建立起来。这种政府规制（19世纪最具独创性的政治发明之一，起初极其成功）从一开始就被明确视为“自由”资本主义与社会主义之间的“第三条道路”，也被视为对资本主义和技术迅速传播造成的紧张和难题的回应。

---

[1] 英国国家医疗服务体系（British National Health Service），英国公费医疗体系的总称，1948年推出，资金来源为一般税收，最初的原则为：服务应该是全面的、普遍的、免费的。——译者注

几年后，美国开始把企业收归政府所有——首先发生在 19 世纪 80 年代威廉·布赖恩[一]领导的内布拉斯加州。又过了几年，大约在 1897 ～ 1900 年，维也纳市长卡尔·卢埃格尔[二]（1844—1910）把奥地利首都的有轨电车公司、电力公司和煤气公司收归市政府所有。和俾斯麦一样，布赖恩和卢埃格尔都是所谓的“平民主义者”。他们都认为，政府所有权主要是缓解“资本家”与“劳工”之间迅速升级的斗争的一种工具。

尽管如此，在 19 世纪（事实上是 1929 年之前）几乎没人相信政府能够或应该管理经济，更不能或不该管控衰退和萧条。多数经济学家都相信市场经济可以“自我调节”。也有人相信：一旦私有财产被废除，经济就会自我调节。民族国家及政府的任务被认为是维持经济增长和繁荣的“气候”——通过保持货币稳定、低税收、鼓励节俭与储蓄来实现。然而，经济“天气”（即经济波动）是任何人都无法控制的，因为原因很可能来自世界市场而不是民族国家内部发生的事件。

经济大萧条让人们相信，民族国家政府能够（也应该）控制经济天气。英国经济学家凯恩斯（1883—1946）起初声称，至少大中型国家的国民经济能够与世界经济隔离。

凯恩斯后来声称，这种隔离的国民经济完全依赖政府政策，确切地讲是政府支出。无论当今的经济学家彼此之间存在多大分歧，弗里德曼[三]的追随者、供给学派[四]以及其他后凯恩斯学派等所有派别都认可凯恩斯的这两个信念。他们都认为民族国家及政府是国民经济的主宰者，是经济天气

[一] 威廉·布赖恩（William J. Bryan，1860—1925），美国平民主义者，1890 年被内布拉加斯州第 1 选区选为联邦众议院议员，连任至 1895 年。——译者注

[二] 卡尔·卢埃格尔（Karl Lueger，1844—1910），1897 ～ 1910 年任维也纳市长，期间把维也纳转变为一个现代城市。——译者注

[三] 米尔顿·弗里德曼（Milton Friedman，1912—2006），美国经济学家，货币主义经济学的主要提倡者，1976 年获诺贝尔经济学奖。——译者注

[四] 供给学派（supply-siders），20 世纪七八十年代出现于美国的经济学派，主张降低边际税率和放松管制，拉弗曲线能够表明其核心理论。——译者注

的控制者。

20 世纪的两次世界大战把民族国家转变成了“财政国家”。

在第一次世界大战前，历史上没有一个政府（即使在战争时期）能够在国民收入中获得超过很小一部分的比例，也许是 5% 或 6%。但在第一次世界大战期间，每个参战国（甚至最贫穷的国家）都发现政府对人民的榨取实际上没有限制。第一次世界大战爆发后，所有参战国的经济都实现了彻底的货币化。结果，在仅仅几年的战争时期中，两个最穷的参战国（奥匈帝国和俄国）实际征收的税额和借贷的金额超过了各自人口的年度总收入。两国成功地搜刮了数十年来积累的资金，并将其转化为战争物资。

当时仍在奥地利的约瑟夫·熊彼特立刻明白发生了什么。但其他经济学家和多数政府在有了第二次经验（第二次世界大战）后才明白。从那时起，所有发达国家和许多发展中国家都变成了“财政国家”。

这些国家都已相信，政府可以征税或借贷的数额没有**经济**限制，因此，政府可以支出的数额也没有经济限制。

熊彼特指出，只要有政府存在，预算过程就是从对现有收入的评估开始，进而支出必须与收入相适应。而且由于“正当理由”往往有无数个，所以支出的要求也是无限的，因此预算过程主要包括决定对哪些项目说“不”。

只要收入被认为是有限的，那么无论在民主国家还是在沙皇俄国那样的绝对君主制国家，所有政府的运行都会受到严格约束。这些约束使得政府不可能作为一个社会机构或经济机构采取行动。

但自从第一次世界大战以来（第二次世界大战后更加明显），预算过程实际上意味着对所有项目都说“行”。

传统上，政府（政治社会）只能得到民间团体授予的权限，进而仅能占用国民收入非常小的一部分（仅有几个百分点），这是唯一可以实现货币化的部分。只有这些资金才能转化为税收和信贷，进而成为政府收入。新的分配制度假定政府可以获得的收入没有经济限制，政府成了民间团体的主宰，能够极大地影响和塑造民间团体。最重要的是，通过税收和支出，政府可以重新分配社会的收入。通过发挥金钱的作用，政府有能力根据政治人物的设想塑造社会。

福利国家、作为经济主宰的政府、财政国家，每个都起源于社会和经济难题，以及社会和经济理论。造就了万能国家的最后一次转型（即冷战国家）是对技术进步的回应。

冷战国家起源于 19 世纪 90 年代和平时期德国建设一支庞大海军威慑力量的决策。该决策开启了军备竞赛。德国人知道自己在冒巨大的政治风险，实际上，多数政客反对该决策。但德国海军将领们相信，技术的发展使他们别无选择。现代海军需要装甲轮船，而这种舰船只能在和平时期建造。若根据传统政策等到战争爆发后再着手建造，海军需要等待太长的时间。

从 1500 年前后开始，骑士逐步被淘汰，越来越多的武器装备需要在和平时期生产，这有助于最大限度缩短延迟或适应时间。美国内战期间，大炮仍然由开战后匆忙改造的和平时期的工厂和车间生产。纺织厂几乎一夜之间从生产平民服装转向生产军人制服。事实上，19 世纪后半叶发生的两场主要战争（1861 ～ 1865 年的美国内战、1870 ～ 1871 年的普法战争），很大程度上仍由穿着制服的平民参战，他们在投入战斗的几周前才穿上军装。

1890 年的德国海军将领认为，现代技术改变了这一切。战时经济不再是对和平时期经济的改造。二者必须分离。在战争爆发**前**，大量武器弹药和战斗人员必须准备就绪。生产装备、培训人员所需的前置时间[⊖]越来越长。

⊖ 前置时间（lead time）：从做出决策到产生结果必经的时间。——译者注德国人的观点实际上是在暗示，国防不再意味着让战争远离民间社会和民用经济。在现代技术条件下，国防意味着永久性战时社会和永久性战时经济，意味着“冷战国家”。

19 世纪末 20 世纪初最敏锐的政治观察家、法国社会党领导人让·饶勒斯[一]在第一次世界大战前就明白了这一点。伍德罗·威尔逊总统从第一次世界大战中领悟到这一点，这成为倡议建立国际联盟[二]的基础，也就是建立一个监督各国军备的常设组织。首次把军事建设作为军备控制手段的尝试，是流产的 1923 年华盛顿海军军备会议。

但即使在第二次世界大战后，美国也曾经在很短时间内试图恢复“正常的”和平时期国家，企图尽可能迅速、彻底地裁军。杜鲁门[三]和艾森豪威尔[四]时期冷战的来临改变了这一切。从那时起，冷战国家始终是国际政治的主角。

到 1960 年，万能国家在发达国家的所有领域都已成为一种政治现实：是社会机构，是经济主宰，是财政国家，并且多数国家都已成为冷战国家。

唯一的例外是日本。无论“日本公司”的真相是什么（西方人对这个术语的理解几乎毫无道理），第二次世界大战后日本并没有成为冷战国家。日本政府没有企图成为经济主宰，也没有打算成为社会机构。相反，日本政府实际上是在惨败后遵循 19 世纪的传统路线重建自己。当然，在军事方面，

[一] 让·饶勒斯（Jean Léon Jaurès，1859—1914），法国社会党领导人，最早提倡社会民主主义的人士之一，反对第一次世界大战，战争爆发之初被暗杀。——译者注

[二] 国际联盟（League of Nations），简称国联，1920 年 1 月成立，1946 年 4 月解散，主张通过集体安全及军备控制来预防战争，通过谈判及仲裁平息国际纷争，但未能制止轴心国的侵略行为。——译者注

[三] 哈里·杜鲁门（Harry S.Truman，1884—1972），1945 ~ 1953 年担任美国第 33 任总统。——译者注

[四] 德怀特·艾森豪威尔（Dwight D. Eisenhower，1890—1969），1953 ~ 1961 年担任美国第 34 任总统。——译者注

日本别无选择。但日本也几乎没有推出任何社会计划。实际上，在 20 世纪 80 年代撒切尔夫人推动英国把工业私有化之前，日本是唯一对先前国有工业（如钢铁业）恢复私有制的发达国家。

以 18 世纪和 19 世纪初传统的政治理论来衡量，日本显然是一个“中央经济统制”国家。但是，就像 1880 年或 1890 年的法德同英美相比较而言是“中央经济统制”国家一样，只有在这个意义上，日本才是中央经济统制国家。尽管日本公务员在其总人口中的比例并不比英语国家高，但依然数量庞大。政府享有崇高的威望和民众的尊重，如同 1890 年的德国、奥匈帝国、法国。日本政府与大型企业密切合作，同样，这与 19 世纪后期欧洲大陆国家政府与经济机构合作的方式没有区别，实际上，与 19 世纪末 20 世纪初美国政府同企业或农场合作的方式也没有太大区别。

假如现实而非理论是衡量政治制度的基础，根据万能国家的标准来衡量，第二次世界大战以来的日本始终是政府扮演最有限角色的国家，实际上也是政府扮演最受约束角色的国家。根据 19 世纪的传统理论，日本政府非常强大。但根据 20 世纪世界其他国家政府介入的领域来衡量，日本政府最不突出。日本政府的主要角色仍然是守夜人。

但除日本外，这种朝万能国家发展的趋势遍布所有发达国家，并且发展中国家也纷纷效仿。由帝国解体形成的新民族国家，从一开始就采取新的军事政策，在和平时期建立军事设施，制造或者起码采购战时所需的先进武器装备。换言之，这些政府立刻着手控制社会。

这些政府立刻尝试利用税收机制重新分配国民收入。最后，毫无例外的是，政府企图成为管理者，并在很大程度上成为经济机构的所有者。

在政治、知识、宗教自由方面，极权主义国家与民主国家（在很长一段时间里主要是指英语国家）完全对立。但在根本性政府理论方面，这些国家的差异更多在于程度而非性质。两种国家在如何做事上存在差异，但在该做何事上的差异要小得多。两种国家都认为政府是社会和经济的主宰，都把和平等同于“冷战”。

万能国家有没有取得成功？万能国家最极端的形式肯定已经彻底失败，且毫无可取之处。可能有人会争辩说，对苏联而言，作为冷战国家，它在军事上取得了成功。40 年来，该国一直是一个军事超级大国。但军备建设的经济和社会负担如此沉重，以至于变得难以承受。苏联解体确实与此有很大关系。

但更温和的万能国家是否取得了成功呢？万能国家在西欧和美国等发达国家取得了成功吗？答案是：也好不到哪里去。总体来看，万能国家在欧美也一败涂地。

作为财政国家的万能国家最不成功。无论在哪个国家，万能国家都没有成功实现有意义的收入再分配。事实上，过去 40 年的历史充分证明了帕累托法则，根据该法则，社会各主要阶层之间的收入分配取决于经济体的生产率水平。一个经济体的生产率越高，收入就越平等；生产率越低，收入就越不平等。帕累托法则断言，税收不能改变这一点。但财政国家的支持者在很大程度上是基于下述主张的：税收能够有效且永久性地改变收入分配。我们过去 40 年的经验证明该主张是错误的。

美国是一个典型例子。只要美国的生产率提高（在 20 世纪 60 年代末 70 年代初之前），收入分配的平等程度就会稳步提高。尽管富人会越来越富，但穷人与中产阶级会以更快的速度变富。一旦生产率的增长停滞（始于越南战争），收入不平等程度就开始稳步加剧，这与税收无关。在尼克松[1]和

[1] 理查德·尼克松（Richard M. Nixon，1913—1994），1969 ～ 1974 年担任美国第 37 任总统。——译者注

卡特[一]担任总统时期，富人被课以重税；在里根[二]担任总统时期，富人被课以轻税，实际上这两项政策的影响微乎其微。无独有偶，英国政府尽管声称致力于实现平等，并且其税收制度旨在将收入不平等程度降到最低，但在过去的 30 年中，随着生产率不再提高，收入分配也越来越不平等。

尽管出现了各种腐败和丑闻，但现在收入最平等的国家是日本——生产率提高最快的国家，尝试通过税收重新分配收入次数最少的国家。

万能国家与现代经济理论的另一个主张也已经被证伪：如果政府控制了国民收入的很大一部分，那么经济就能够成功地被管理。

英美国家广泛接受了这种理论。然而，衰退的次数、程度与持续时间都没有减少。在那些没有接受现代经济理论的国家（日本、德国），衰退的次数、程度与持续时间都少于相信政府盈余或赤字（即政府开支）规模的改变可以有效管理经济且能够有效缓和周期性波动的国家。

财政国家的唯一结果恰恰与自身的目标背道而驰。所有发达国家以及多数发展中国家的政府开支已经非常沉重，以至于在衰退时期无法进一步增加开支。但根据经济学理论，那时政府应增加开支以创造购买力，从而振兴经济。在每个发达国家，政府的征税能力和借贷能力都已达到极限。在繁荣时期，政府已经达到了极限，而根据现代经济理论，此时政府本应积累大量盈余。财政国家已经使自身变得虚弱无力。

最糟糕的是，财政国家已经堕落为“肉桶立法国家”[三]。如果编制预算从考虑支出开始，那么就会丧失财政纪律，政府支出会沦为政客收买选票的

㊀ 詹姆斯·卡特（James Jimmy Carter，1924—），1977 ～ 1981 年担任美国第 39 任总统。——译者注

㊁ 罗纳德·里根（Ronald Reagan，1911—2004），1981 ～ 1989 年担任美国第 40 任总统。——译者注

㊂ 肉桶立法国家（pork-barrel state），比喻执政党出于政治考虑，把公共资金拨给特定选区而牺牲了更广泛的公共利益。——译者注

手段。反对18世纪绝对君主制代表的旧制度的最有力论据是，国王利用公共资金犒赏喜爱的大臣。构建财政问责制（尤其是预算编制人员向经选举产生的立法机构负责）是为了对政府问责，从而防止大臣洗劫国家。在财政国家，政客为了确保选举胜利也经常从事这种洗劫勾当。

民主政府立足于下列信念：民选代表的首要任务是保护选民免受贪婪政府的侵犯。因此，肉桶立法国家会日益破坏自由社会的根基。民选代表欺诈选民以维护特殊利益集团，从而收买其选票。这是对公民权理念的践踏，并且已经开始显现出恶果。破坏代议制政府的根基这一事实，从投票率的不断下降就可以看出。所有国家的民众对政府职能、议题、政策的兴趣不断下降，也说明了这一点。

相反，选民越来越基于“这对我有什么好处”来投票。

约瑟夫·熊彼特在1918年警告称，财政国家最终会削弱政府的治理能力。15年后，凯恩斯称赞财政国家是伟大的救星。凯恩斯认为，财政国家政府不再受支出限制的约束，可以促进有效治理。

现在我们知道，熊彼特是正确的。

在某种程度上，万能国家在社会领域比在经济领域更加成功。尽管如此，万能国家取得的成绩仍然不及格。

更确切地讲，那些行之有效的社会行动和政策大体上都不符合万能国家的理念。换言之，有效的是那些遵循早期规则和理念的社会政策，也就是那些政府作为**规制者**或**提供者**的社会政策，而不是政府作为行动者的社会政策。除了极少数例外，后一类政策都没有取得成功。

在英国国家医疗服务体系中，为名单上的病患向医生支付报酬的部分，效果非常好。但另一部分（政府管理医院和提供医疗服务的领域）问题频出。成本不仅非常高，而且增长速度与其他任何国家同样快。此外，有些病症，患者必须等待数月甚至数年才能进行选择性外科手术进行治疗，包括髋关节坏死、子宫脱垂、白内障等，这些病症虽然严重，但不会危及生命。

在这数月或数年中，没人关心病患是否痛苦不堪，甚至经常造成病患残疾。作为行动者的政府已经变得极其无能，以至于英国国家医疗服务体系现在鼓励把医院“外包”。政府将像对医生那样向医院支付费用，但不再直接管理医院。

同样具有启发性的是美国总统林登·约翰逊[一]在 20 世纪 60 年代出于美好愿望出台的“向贫困开战”[二]政策。这些政策中有一个已经奏效，那就是启智计划[三]，由政府向独立的当地管理型组织付费，让它们为贫困的学龄前儿童提供教育。相比之下，政府亲自运作的项目没有一个取得成效。

冷战国家并不能确保“和平”：第二次世界大战结束以来，全世界的“小”冲突与历史上任何时期一样多。但冷战国家使得避免大规模全球战争成为可能，这不是因为存在庞大的军事储备，而是因为冷战国家本身。

军备竞赛使军备控制成为可能，这造就了现代史上大国之间最长的和平时期。50 年来，大国之间没有发生军事冲突。从 1815 年到 1853 年克里米亚战争[四]爆发，拿破仑战争后维也纳会议[五]达成的和平协议（被亨利·基辛格等当今“**真正的政治家**”津津乐道）维持了 38 年的大国之间的和平。后来，

㊀ 林登·约翰逊（Lyndon B. Johnson，1908—1973），1963 ～ 1969 年担任美国第 36 任总统。——译者注

㊁ 向贫困开战（War on Poverty），由林登·约翰逊总统在 1964 年 1 月的国情咨文中提出，包含一系列旨在终结贫困的扩张性社会立法，是“伟大社会”规划的一部分。——译者注

㊂ 启智计划（Headstart），美国联邦政府向低收入家庭儿童提供全面幼儿教育、健康与营养的项目，1965 年推出，1981 年扩大范围，2007 年加以调整。——译者注

㊃ 克里米亚战争（Crimean War），1853 ～ 1856 年，沙皇俄国与英法等国围绕小亚细亚地区的权利而爆发的战争，战场位于黑海沿岸的克里米亚半岛，最终以俄国的失败告终。——译者注

㊄ 维也纳会议（Congress of Vienna），1814 年 9 月至 1815 年 6 月在维也纳召开的会议，旨在解决法国革命战争和拿破仑战争引起的重大问题，从而为欧洲提供一个长期的和平框架。——译者注

经历了近20年的重大冲突后（美国内战、普奥战争[㊀]、普法战争[㊁]），1871～1914年大国之间43年没有发生战争。唯一的例外是日俄战争，但日本直到此次战争后才被视为一个大国。第一次世界大战与第二次世界大战仅仅间隔了21年。因此，1945年之后的近50年里大国之间没有发生战争，这创造了一个纪录。正因为大国已成为冷战国家，它们才能够控制军备，从而确保不会出现诱使某国做出重大冒险行动的军事力量优势。

第二次世界大战结束后的50年充分证明了冷战国家立足的基本假设。生产现代武器的设施不能再用于生产和平时期所需的物资，并且军事物资也不能通过在战时征用民用设施来生产，而这在第二次世界大战时仍是主流做法。反过来，生产现代战争武器（航母、“激光制导炸弹”、导弹）的设施必须在战争爆发甚至威胁出现之前很久就着手建设。

如果需要拿出这方面的证据，那么可以看看1991年的伊拉克战争。击败世界上最大规模的军事力量之一，并在前所未有的最短时间内决定战争胜负的武器装备，不可能在任何和平时期的民用设施中生产出来。每种武器系统至少需要10年的前期工作，多数情况下需要15年的前期工作，才能在战场上发挥作用。

换言之，传统民族国家形成之初的假设已经不复存在。该假设的基本内容是，一支由预备役军人增援的小型军事力量是维持战争形势的全部必要条件，与此同时，民用经济设施可以用于战时生产。

但是，冷战国家取得成功的50年也结束了。我们现在比以往任何时候都更需要控制军备。如果把和平界定为消除军事力量，那么这种“和平”已

㊀ 普奥战争（the War between Prussia and Austria），1866年普鲁士和奥地利为争夺统一德意志的领导权而爆发的战争，最终普鲁士获胜。——译者注

㊁ 普法战争（the War between France and Germany），1870～1871年，普鲁士为统一德国并与法国争夺欧洲大陆霸权而爆发的战争，最终普鲁士获胜，德意志第二帝国成立。——译者注

不可能重现。如同纯真一旦丧失，就再也无法恢复。但所谓冷战国家已无法维持，不能再有效发挥作用了。

在经济上，冷战国家已趋于自我毁灭。我们已经看到，苏联成功地建设了一支极其强大的军事力量，但这种军事力量造成的负担过于沉重，成为其经济和社会崩溃的重要原因。

但即使在军事领域，冷战国家也不再有效。事实上，冷战国家不再能确保控制军备。即便小国也不再能被阻止打造涉及核武器、化学武器、生物武器等的总体战能力。这一点至少可以从下列两个事实中看出：在苏联解体之际，人们担忧如何控制它的核武库；许多在人口或经济实力方面无足轻重的国家正在迅速获得核、化学、生物作战能力。当然，这些小国不可能像伊拉克的萨达姆那样相信自己可以战胜大国，但这些国家可以资助国际勒索犯和恐怖分子。有了这些国家作为基地，一小撮冒险家（实际上是陆地上的海盗）就可以勒索整个世界。

因此，军备控制不再能像第二次世界大战后的半个世纪那样由冷战国家来维持。除非超越国家层面进行军备控制，否则根本无法进行。即使主要大国仍设法避免相互之间的热战，但这仍会导致全球冲突实际上无法避免。

与财政国家和保姆国家[㊀]不同，冷战国家并非完全失败。事实上，如果在终极武器时代国家政策的目标可被理解为避免第三次世界大战，那么冷战国家必须被认为取得了成功，这也是万能国家唯一的成功。但最终，这种成功转变成了经济和军事上的失败。

因此，万能国家已经走进了死胡同。

㊀ 保姆国家（Nanny State），1965 年由英国保守党议员伊恩·麦克劳德（Iain Macleod）提出，指政府及政策对个人的选择进行过度保护或干预。——译者注

CHAPTER 7 | 第7章

政府的弊病

(摘自1969年版《不连续的时代》)

无疑，政府从未像当今这样显眼。1900年最专制的政府也不敢像当今最自由的社会中例行公事的征税员那样对公民的私人事务展开调查。即使沙皇的秘密警察也没有进行当今我们视为理所当然的安全调查。1900年的任何官僚都无法想象，当今政府期望企业、大学、公民填写越来越多、越来越详细的调查问卷。与此同时，各地的政府都已经成为最大的雇主。

政府当然是无孔不入的。但政府真的强大吗？或者，仅仅是大？

越来越多的证据表明，政府是大而不是强大，政府臃肿软弱而不是强有力，政府开支浩繁但收效甚微。同样有越来越多的证据表明，公民对政府越来越不信任，越来越不抱幻想。事实上，恰恰在我们需要一个强大的、健全的、有活力的政府时，政府却弊病缠身。

年轻人对政府毫无敬意，对政府的热爱更是少之又少。成年人（即纳税人）也对政府越来越不抱幻想。他们仍然想获得来自政府的更多服务。即便他们可能仍然希望政府承诺提供某些物品或服务，但在为更大的政府买单方面，各地的人们都已经接近了临界点。

对政府不抱幻想的态度跨越了国界和意识形态界限，这种态度在专制国家和民主国家、白人国家和非白人国家同样普遍。这种不抱幻想很可能是当今世界最深刻的不连续，标志着当代人与前辈们相比在情感和态度方面的急剧变化。从 19 世纪 90 年代到 20 世纪 60 年代的大约 70 年间，人们（尤其是发达国家的人们）被政府迷住了。我们热爱政府，并认为政府的能力和善意没有极限。政府与公众之间的政治热恋，很少有比政府与 1918 ～ 1960 年的几代人的政治热恋更加火热的。在这段时期，任何人都觉得需要做的事应交给政府处理，似乎人人都相信这能够确保任务的完成。

但现在我们的态度正在转变。我们正迅速转向怀疑和不信任政府，年轻人甚至开始反抗政府。仅仅出于习惯，我们仍然把社会任务交给政府处理，仍然一再修改不成功的项目，并断言那些靠改变程序或"胜任的行政"不能矫正的项目本身没有问题。但当我们三度修改某个糟糕的项目时，就不会再相信这些承诺了。例如，谁还相信美国（或联合国）对外援助项目的行政改革将真正促进全世界范围的迅速发展？

谁真的相信"向贫困开战"会消除城市中的贫困？或者在莫斯科，谁真的相信新的激励计划会让集体农庄更富有成效？

我们依旧在重复以往的口号。事实上，我们依然在遵循这些口号行事，但我们不再坚信它们，不再期待政府取得成果。政府与公众之间的政治热恋已经持续了很长时间，现在已成为疲惫的中年关系，我们不清楚如何解脱，唯一知道的是拖延只会导致恶化。

如何解释这种对政府的不抱幻想？

我们期待奇迹，而这总会导致失望。人们普遍认为（尽管是下意识的），政府会提供大量免费物品或服务。成本被认为是谁做了某事的函数，而不是尝试做什么的函数。

实际上，这种观念只是一种更普遍的错觉的一个方面，受过教育的人和知识分子尤其持有这种错觉：把任务交给政府去执行，冲突和权衡就会自动消失。一旦“邪恶的私人利益”被消除，合适的行动方针就会从“事实”中浮现出来，并且决策将是理性的和自动的。自私自利和政治狂热都会消失。因此，这种对政府的信念在很大程度上是不现实地逃避政治与责任。

渴望赚钱之外的动机可能会成为自我利益的基础，并且金钱价值之外的价值也可能成为冲突的根源，这些情形并没有出现在近 30 年内的人们身上。在他们的世界里，经济似乎是实现千禧年的唯一障碍。权力并没有出现在他们的视野中，尽管对权力的这种无视在 20 世纪三四十年代难以想象，更不可能被理解。

人们不需要支持自由企业制度[㊀]（更别说与财富为伴）就能看出该观点的谬误之处。但相信政府所有是灵丹妙药的信念与理性无关。这种观点非常简单：“私营企业和利润不好，因此政府所有一定好。”我们可能仍然相信该观点的前提，但我们不再接受其**结论**。

没人（尤其是年轻人）再相信将冲突、权衡、难题交给政府处理就会得到解决。相反，在年轻人心目中，政府自身已成为邪恶的“既得利益者”。即使是老一代人，也很少有人继续期望政府控制会带来政治上的千禧年。

事实上，如今大多数人都认识到，把某个领域交给政府处理会制造冲突，产生既得利益和自私自利，并导致决策复杂化。我们认识到，把事情交给政府处理只会使其政治化，而非消除钩心斗角。在某些领域，我们也认识到，除了交给政府决定之外别无选择。理性地制定决策不会消除利益冲突。

但导致人们对政府不抱幻想的最大因素是政府没有履行职责。在过去的三四十年中，政府履行职责的记录令人沮丧。事实证明，政府仅能卓有成效

㊀ 自由企业制度（free enterprise），企业的所有权归私有，且运营仅受最低限度政府干预的经济体系。——译者注

地做两件事：发动战争和制造通胀。

政府也会承诺做其他事，但很少能够履行诺言。在东欧卫星国和英国的国有化产业中，政府作为工业管理者的成绩一直令人沮丧。私营企业是否会做得更糟糕与此无关。我们期待政府成为完美的工业管理者，然而事实恰恰相反，我们甚至很少得到低于平均水平的平庸成绩。

无论在俄国支配的捷克斯洛伐克还是在戴高乐领导的资本主义法国，作为计划者的政府也从未表现得更好。

但政府最令人失望之处在于福利国家的惨败。没人愿意失去富裕的现代工业社会提供的社会服务和福利待遇。但福利国家做出的承诺远不止提供社会服务。福利国家还承诺释放创造力，消除丑陋、嫉妒和冲突。无论福利国家的工作做得多好（在某些国家的某些领域，某些工作做得非常好），充其量不过是又一家大型保险公司，而且的确像保险公司一样令人兴奋、有创意且鼓舞人心。但从没有人愿意为了一份保单而让自己的生活受影响。

在福利国家，我们从政府那里最多能够得到合格的平庸成绩。更多时候，我们甚至不能得到这样的成绩，而是保险公司般的不可容忍的低劣成绩。每个国家中都有大量领域受政府管理，那里只会产生成本，没有绩效。这种现象不仅存在于没有任何一个政府（包括美国、英国、日本、苏联）能够成功处理的大城市治理领域，还存在于教育、交通等领域。福利国家越扩张，能力就越弱，甚至连例行公事都难以做到。

十七八世纪形成的现代国家所取得的巨大成就，是统一的政策控制。在以往的 300 年中，波澜壮阔的宪政斗争围绕统一国家或联合国家的中央政府控制权而展开。但现如今，无论中央政府是如何产生的，都已不再能够落实这种控制。

仅仅在不久之前，政府的政策控制还被视为理所当然。当然，如同存在

“强势”与“弱势”的首相一样，也存在“强势”与“弱势”的总统。温斯顿·丘吉尔和富兰克林·罗斯福能够落实弱势领导人无法执行的政策，但这并非由于人们普遍认为的两人懂得如何让官僚机构俯首听命，而是由于两人信念坚定，愿意制定大胆有效的政策，有能力动员公众为实现理想而奋斗。

现如今，“强势”总统或“强势”首相并非强硬地推行政策的人，而是知道如何使官僚机构中的地头蛇俯首听命的人。约翰·肯尼迪拥有“强势”总统所需的全部信念、力量和勇气，并且正是这一点使他吸引了大批追随者（尤其是年轻人），但肯尼迪对官僚机构几乎没有任何影响力。在传统意义上，肯尼迪是一位“强势”总统，但他也是一位非常没有成效的总统。

同一时期，苏联的赫鲁晓夫尽管表面上大胆勇敢，颇受欢迎，但同样成效甚微。相比之下，没有明确政策、没有领导才能的官僚却往往看似成效不错，他们知道如何使官僚机构俯首听命。但是，官僚运用官僚机构当然只做一件擅长的事，那就是把“昨天”收拾得井井有条。

表面上的权力和实际上的失控之间的差距越来越大，这或许是政府面临的最大危机。我们极为擅长创设行政机构。但行政机构一旦设立，本身就成了目的，拥有获得财政部拨款和纳税人持续支持等“既得权利”，且不受政治动向的影响。换句话说，这些机构一成立就开始违背公众意愿和公共政策。

1900 年，世界上只有不到 50 个主权国家——大约 20 个欧洲国家、20 个美洲国家，其他地区仅有不到 10 个国家。第一次世界大战后，主权国家的数量增加到大约 60 个。现如今，世界上已经有超过 160 个主权国家，几乎每个月都有新的“小国”加入该行列。只有在美洲大陆上没有出现主权国家的分裂。除了迅速分裂的加勒比海地区，美洲大陆上 1900 年的 20 来个主权国家大体上仍然是当今的政治现实。当今世界诞生了若干幅员辽阔的新主权国家，如印度、巴基斯坦、印度尼西亚等。但新出现的多数主权国家都比那些被蔑称为“香蕉共和国”[一]的中美洲国家更小，以至于无法履行主权国家的基本责任。现在世界上有数十个人口远少于 100 万的“独立国家”。事实上，有些国家的人口甚至不如一个大型村庄多。

天平的另一端是“超级大国”，其规模和实力妨碍了制定统一的国家政策。这些国家关注一切，到处插手，受所有政治事件影响，而且无论这些事件多么遥远或微不足道。但政策在于挑选和抉择。如果不能选择不参与，那么就不能制定政策，华盛顿和莫斯科实际上都不能说：“我们不感兴趣。”“超级大国”是国际版的福利国家，并且与福利国家一样，在确定优先事项或取得成就方面软弱无能。

超级大国的力量太大反而无法使用。如果某人只能用百吨重的巨锤打苍蝇，实际上等于没有可用的工具。因此，超级大国总是反应过度，如美国在刚果、圣多明各[二]甚至越南采取的行动，都效果不佳。超级大国的力量尽管强大到可以相互毁灭（多数其他国家也会遭受池鱼之灾），但这与政治任务不相称。超级大国的力量太强大，以至于没有真正的盟友，只有附属国。此外，超级大国总是附属国的囚徒，同时又被附属国憎恨。

这意味着，在国际事务中不能再以有序的、系统的方式做出决策。任何决策都不再可能通过谈判、协商、同意来达成，而只能通过命令或费尽周折才能做出。因此，虽然武力在国际体系中的作用比以前重要得多，但决定性作用却已经小得多，除了可能灭绝人类的核战争的终极力量。

然而在这个风险重重的世界上，人们比以往任何时候都更需要强有力

㊀ 香蕉共和国（banana republics），美国作家欧·亨利创造的词汇，用来形容被美国大企业剥削的洪都拉斯及其邻国，现在指政治不稳定、经济依赖出口有限资源或产品的小国。——译者注

㊁ 圣多明各（Santo Domingo），多米尼加共和国首都，最早由哥伦布建立于 1496 年，是西班牙在“新大陆”进行殖民统治的第一个地方。——译者注

的、卓有成效的、切实履行职责的政府。任何社会都不如由各种组织构成的当代多元社会更需要卓有成效的政府。任何经济都不如当今的世界经济更需要卓有成效的政府。

我们需要政府作为组织社会的核心机构。我们需要一个表达共同意愿和共同愿景的机构，使每个组织都能够对社会和公民做出最大贡献，同时又能表达共同信念和共同价值观。在国际领域，我们需要强有力的、卓有成效的政府，以便能够通过在主权方面做出必要让步来为全球社会和全球经济建立可以顺利运作的超国家机构。

实现多样性的出路不在于一致，而在于联合。我们不希望压制社会的多样性。每种多元机构都有必要性，都执行一项必要的经济任务。我们不能缩减这些机构的自治权。无论政治辞令是否认可，这些机构的任务都决定了其应该自治。因此，我们必须创造一个可以联合的共同点，唯有强有力的、卓有成效的政府堪当此任。

有些事务天生不适合政府插手。由于政府被设计为一种保护性机构，所以它不擅长创新，不能真正抛弃任何事务。政府一旦插手任何事务，该事务就会变得无法更改甚至永久不变。再妥善的管理也不会改变这一点。政府的正当性和必要功能是作为社会的保护性、保存性机构，这正是政府不擅长创新的根源所在。

一项政府活动、一套政府机制或政府公职会迅速成为政治过程本身的一部分。无论是我们提到的英国国有化煤矿等夕阳产业，还是欧洲和日本的国有铁路，都是这种情况。在专制国家同样如此。无论苏联推行的经济政策在捷克斯洛伐克、匈牙利、波兰等国多么无效，任何改变这些政策的尝试都会立刻引起对生产率最低的行业的担忧，当然，这些行业往往有着数量最多、工资最低、技能最差的（因此是最“活该的”）人员。

这并不是说所有政府计划都是错误的、无效的或具有破坏性的——绝非如此。但即使是最优的政府计划，最终也会丧失效用。政府对此的回应很可能是："让我们加大资金投入，做更多事。"

政府是一个差劲的管理者。由于政府必然庞大而笨重，所以一定会关注程序。政府也清醒地认识到自身管理的是公共资金，必须解释每分钱的去向。政府除了奉行我们常说的"官僚主义"之外别无选择。

关于政府是"法治政府"还是"人治政府"，人们存在争议。但顾名思义，每个政府都是"形式政府"。这不可避免地意味着高昂的成本，因为控制最后 10% 的要素往往比控制前 90% 的要素成本更高。如果政府试图控制一切，那么开支就会高得离谱。然而，这是政府往往被期望去做的事。

原因不仅是"官僚主义"和繁文缛节，而是一个合理得多的理由。政府中"小小的不诚实"是一种腐蚀性疾病，能够迅速蔓延并感染整个国家。然而，不诚实的诱惑往往非常大。政府中收入不高、靠工资生活的人需要处理大笔公共资金。政府序列中地位不高的人可能掌握权力，可以提供对他人而言极为重要的合同与特权——建筑工程、无线电频道、航线、分区法[⊖]、建筑条例等。担心政府人员腐败并非没有道理。

然而，这意味着政府的"官僚主义"及随之而来的高成本无法消除。任何不是"形式政府"的政府都会迅速堕入丛林状态。

政府的目的是制定根本性决策，并且是有效地制定。政府的职责是集中社会的政治能量，凸显某些议题，并提供基本选择。

换句话说，政府的目的是治理。

正如我们在其他机构了解到的，这个目的与"做"不相容。任何把治理与"做"大规模结合起来的尝试都会导致决策能力瘫痪。任何企图让决策机

⊖ 分区法（zoning laws），在美国，分区法包括各种关于土地使用的法律，属于州政府和地方政府对私有不动产行使职权的范围。——译者注

构实际去“做”的企图也意味着极其糟糕的“做”。政府不能聚焦于“做”。政府的工作不在于此。政府根本不擅长这些。

现如今，军人、公务员、医院管理者都有充分理由从企业管理领域借鉴理念、原则与做法。在过去的30年中，企业不得不在一个小得多的范围内面对现代政府面临的问题：“治理”与“做”之间不兼容。企业管理层已经学会两者必须分离，最高层决策者必须摆脱“做”，否则既难以做出有效的决策，又难以完成需“做”之事。

在企业中，这被称作“分权化”。这个术语具有误导性，它意味着中央机构（企业最高管理层）的弱化。然而，分权化作为一项组织结构原则和宪政秩序原则，旨在使中央（最高管理层）有能力完成自身的任务，帮助最高管理层把“做”的工作交给运营管理部门（每个部门都有自身的使命和目标，有特定的行动范围和自治权），自身集中精力制定决策、指明方向。

如果这条经验应用于政府，那么其他社会机构就会成为合适的“行动者”。应用于政府的“分权化”不仅仅是“联邦制”（地方政府而非中央政府承担“做”的任务）的另一种形式，更是一套用组织社会中其他非政府机构来实际“做”（即执行、操作、落实）的系统性政策。这套政策可以称之为“再私有化”。那些在19世纪由于社会上最早的私人机构（家族）无法承担而被转交给政府的任务，将被再次转交给新的非政府机构，这些机构在过去的六七十年中雨后春笋般涌现并成长起来。

政府应该首先思考下列问题：“这些机构如何能发挥作用？它们可以做什么？”接着思考：“如何确定并组织政治与社会目标，从而为这些机构发挥作用创造条件？”还应该思考：“这些机构的能力为政府提供了实现政治目标的哪些机会？”

这与传统政治理论中政府发挥的作用截然不同。在现有的全部政治理论中，政府都是**唯一的**机构。

然而，如果实行“再私有化”政策，那么尽管政府是中央的、最高的机构，但将成为**一个**机构。

再私有化会创造一个不符合当前任何社会理论假定的社会。在现有社会理论中，政府并不存在。政府外在于社会。在再私有化政策下，政府将成为位于核心的社会机构。

在过去的 250 年中，政治理论与社会理论相互分离。如果我们把过去 50 年中学到的组织知识应用到政府和社会领域，这两者会再度融合。非政府组织（大学、企业、医院）将被视为实现成果的机构。政府将负责为实现社会主要目标提供资源，并成为多元社会的“领导者”。

我们不会面临“国家的消亡”。相反，我们需要一个充满活力、强有力、积极活跃的政府。在大而无能的政府和强有力的政府（负责制定决策并指明方向，把“做”的工作留给其他组织）之间，我们确实面临选择。

我们也不会面临“自由放任主义的回归”，自由放任主义认为经济不受其他领域的影响。经济领域不能也不会被认为外在于公共领域，经济部门（以及所有其他部门）的选择不再是**要么**被政府完全忽视，**要么**被政府完全控制。

归根结底，我们将需要一种新的政治理论，或许需要制定新的宪法。我们也需要新理念和新社会理论。现在我们还不知道能否如愿以及实际看起来会如何。但我们已经知道，主要是由于政府绩效不佳，所以人们对政府不再抱有幻想。我们可以说，多元社会需要一个可以治理且确实在治理的政府。这不是一个“做”的政府，也不是一个进行“管理”的政府，而是从事治理的政府。

4

第四部分

新多元主义

A FUNCTIONING SOCIETY

导 言

我不能声称自己发现了这种新型组织。沃尔特·拉特瑙[一]（哲学家、实业家、政治家、右翼恐怖主义的早期受害者）在1918年的著作《新经济》（*The New Economy*）中最早指出，企业是一种前所未有的新型“组织”，也就是说，企业是一个自治的权力中心，具有独特的治理体系、目标与价值。15年后，美国经济学家约翰·康芒斯[二]在1934年出版的《制度经济学》中独立地提出了类似的观点。但我可以声称，我第一个认识到，企业仅仅是最早出现的新型组织，并且当今社会已成为组织社会，与之相伴的是一个新多元主义社会。

从13世纪中叶至今的600年间[三]，西方政治史基本上是多元主义瓦解的历史。到19世纪中期，这项任务已经完成。那时社会上仅剩一个权力中心——政府。除了在美国（较低程度上也包括英国），所有以前的权力中心要么受到抑制，要么转变为国家机构和政府人员，如所有欧洲大陆国家的神职人员。但就在多元主义似乎已被彻底消灭之时，企业作为社会中一个自治的

㊀ 沃尔特·拉特瑙（Walter Rathenau，1867—1922），1922年1月至6月任魏玛德国外交部长，主张与西欧各国以及苏联合作，被德国极端民族主义分子刺杀身亡。——译者注

㊁ 约翰·康芒斯（John R. Commons，1862—1945），美国旧制度经济学家，从法学、伦理学、社会学、政治学等角度研究经济学问题，代表作《制度经济学》。——译者注

㊂ 疑原文有误。

新权力中心出现了。难怪长期以来只有企业被视为“组织”。事实上，这也是约翰·加尔布雷斯[㊀]最具影响力的著作——1967年版的《新工业国》的观点。

起初我也持有相同立场，例如我在1942年出版的《工业人的未来》中即持此类观点。但此后的20世纪40年代中后期，我开始与其他机构（医院、工会、大学等）合作，我逐步认识到，从它们所继承的机构名称来看，它们确实已经名不副实，它们很快变成了一种全新事物，即组织。我也开始逐步认识到，这些机构而不是企业是现代社会的成长性部门。事实上，作为**特有的**组织的企业，可能在第一次世界大战前后（不迟于20世纪30年代）达到巅峰。20世纪下半叶**特有的**成长性组织（无论是在规模上还是在权力上）无疑是大学。

我们正在迅速走向一种新多元主义。但是，这种新多元主义的组织与先前的组织截然不同。第一，它们是目的单一的组织，例如医院唯一的使命和目的是照顾病患。目的的单一性既是取得成效的秘诀，也是局限性的根源。第二，它们不是“社区”，使命、目的与成果完全**外在**于它们。第三，尽管它们必然存在于某个地方（互联网可能会改变这一点），但它们不是也不会成为那个区域或当地社区的“成员”。它们有各自单独的使命、目标与价值。

我很早就认识到了这些——大约在20世纪40年代的最后几年。从20世纪40年代末开始，我本人越来越多地与企业以外的组织合作，包括医院、大学、社区组织、工会以及政府机构。但直到1959年出版《已经发生的未来》，或者说1969年出版《不连续的时代》时，我才算开始撰写有关组织社会的文章。本书第四部分“新多元主义”中有两章摘自这本书。

㊀ 约翰·加尔布雷斯（John K. Galbraith，1908—2006），美国经济学家、外交官，撰写了多本畅销书，代表作有《新工业国》。——译者注

第8章 | CHAPTER 8

新多元主义

（摘自1969年版《不连续的时代》）

在200年后的历史学家看来，20世纪的核心问题可能是我们自己几乎没有关注的问题：组织社会的出现。在组织社会中，每项重要社会任务都被委托给一个大型机构。对我们当代人而言，这些机构之一（如政府或大型企业，再如大学或工会）往往看起来像**特有的**机构。然而对未来的历史学家而言，印象最深刻的事实可能是一种独特的新多元主义兴起，即出现一个组织多元化、权力分散化的社会。

60年前，也就是第一次世界大战前，世界各地的社会景象看起来很像堪萨斯大草原：地面上最大的事物就是个人。多数社会任务是在家族规模的单位内部，或者通过家族规模的单位来完成的。即便是政府，无论看起来多么令人敬畏，实际上都是小而舒适的。在当时人的眼中，德意志帝国政府犹如一个巨人，但一名中层官员仍可以与每个部门的所有重要人物相识。

自那以后，政府规模的扩张引人注目。在当今世界，没有任何一个国家不能把1910年的整个政府机构轻松安置到当前正在兴建的最小规模的新政府大楼中，并且还会剩下足够空间来设置大剧院和溜冰场。

在第一次世界大战前，特有的“大型”组织就是企业。但以当今的眼光来看，1910 年的“大型企业”无疑是名副其实的小鱼小虾。给我们的祖父母带来噩梦的“章鱼”——约翰·洛克菲勒创办的标准石油托拉斯[一]，1911 年被美国最高法院拆分为 14 家独立的企业[二]。不到 30 年后的 1940 年，根据员工数、销售额、资本额等进行衡量，经拆分产生的新企业各个都已经比洛克菲勒的标准石油托拉斯在被拆分前的规模更大。然而，在从标准石油托拉斯拆分出的 14 家新企业中，只有 3 家（新泽西标准石油公司、苏康尼美孚石油公司、加利福尼亚州标准石油公司）能够跻身“主要的”国际石油公司之列。按照 1940 年的标准，其余企业只能位居“小型”或“中型”之列，若根据又过了 30 年的当前的标准来衡量，这些企业都属于“小型”企业。

除非我们承认**所有**组织机构都已成为庞然大物，否则无法理解当今社会。当今很多企业都比约翰·洛克菲勒时代最大的企业大得多。相对于洛克菲勒的另一项创举——19 世纪末 20 世纪初创办的芝加哥大学（可能是美国的第一所现代大学），当今大学的规模更大。医院同样如此，并且也比任何其他机构复杂得多。

权力“集中”不再是经济领域特有的问题。在过去的 60 年中，企业的集中度并未提高，“小型”企业（规模也比过去大了很多）显然轻松地保持着独立。相较于 10 家、20 家、30 家规模最大的企业，三四家规模最大的工会在产业中掌握着更大的权力。我们已经面临少数几所大规模高校的“脑

[一] 标准石油托拉斯（Standard Oil Trust），1870 年由约翰·洛克菲勒等人创建，1890 年成为美国最大的原油生产商，在 1904 年开普勒创作的著名政治漫画《下一个！》（*Next!*）中被描绘为一只巨大的章鱼，缠绕着美国的国会大厦、州议会大厦、钢铁行业等，且正把触角伸向白宫。——译者注

[二] 经核实，1911 年标准石油托拉斯被拆分成 34 家独立的企业。——译者注

力集中”问题，这在社会生活的其他领域是闻所未闻的，并且在更早的时候人们不会容忍出现这种情况。美国绝大多数博士学位是由大约 20 所大学（仅占美国所有高等教育机构的 1‰）授予的。自从罗马帝国在公元 1 世纪达到国力巅峰以来，国际社会也从未见过类似的军事力量集中于“超级大国”（美苏）武器库中的情况。

但规模和预算的扩张并非最重要的改变。最重要的变化在于，当今所有重要的社会功能都在这些大型的、组织有序的机构内部履行，并经由这些机构完成。具有重要影响的社会任务（国防与教育、治理以及商品的生产与分配、医疗保健与探索新知），越来越多地被委托给由专业人员（可被称为“管理者”“行政人员”“执行官”等）管理的永久性机构。

政府看起来是这些机构中最强大的，当然也是花费最多的。但其他每种机构都承担着一种至关重要的社会功能，并且必须靠自身的力量承担。每种机构都有自治的管理层，自己的任务，因此有自己的目标、价值观与根本理由。若说政府仍然可被称为“阁下”，但它已不再可被称为“主人”。无论政府理论或宪法如何，政府越来越多地扮演“协调者”“主席”或者最多是“领导者”的角色。然而自相矛盾的是，政府正遭受做事太多带来的恶果。要想有效、强有力，政府可能不得不学会“分权”给其他机构，**做**得更少才能**取得**更多成就。

这半个世纪中出现的是一种**新**多元主义。17 世纪政治理论宣扬的那种结构已经不复存在了，政府在该结构中是唯一组织有序的权力中心。然而，仅仅看到这种新机构中的一个（如企业、工会或大学），然后便宣布它是**特有的**新机构，这是完全不适当的。社会理论要想言之有物，就必须从多元主义机构的现实出发。这种多元主义犹如由众多独自发光的恒星组成的星系，而不是由只能反射光线的行星和太阳组成的太阳系。

昔日的多元主义的权力中心（公爵、伯爵、修道院院长，甚至自耕农）之间存在的差异仅在于头衔和收入。一个是另一个的上级和领主。每个中心在领土上都是有限的，但各自都是一个完整的社区，在其中可以开展任何有组织的社会活动和政治生活。每个中心都关注同样的基本活动，最重要的是都通过耕作维持生计。美国的联邦制仍然采用这种传统多元主义。联邦政府、州政府、市政府各自都有特定的地理限制，并且相互之间的地位高低不一，但每种政府本质上都有相同的功能，都有固定的地域范围，拥有警察权和收税权，承担传统政府的任务，包括国防、司法、维护公共秩序等。

新型机构完全不是这样，每种都是目的单一的机构。医院的存在旨在提供医疗保健，企业的存在旨在提供产品和服务，大学的存在旨在促进知识进步和教学，每种政府机构也都有各自独特的目的，如武装力量旨在提供保卫等。只有傻瓜才会认为知识进步优于医疗保健或“经济产品和服务”，所以任何机构都不是其他机构的“上下级”。与此同时，任何机构都没有固定的地域范围。换言之，在某种程度上，任何机构都是“普遍的”，这是任何传统机构（除了中世纪的教会）都不曾宣称过的。但每种新机构都致力于人类存在的一小部分领域，也就是人类社区的某个方面。

这种新多元主义所面临的难题，既不同于传统多元主义的难题，也不同于现有政治理论和宪法中一元社会的难题。在传统多元主义中，体系中的每个成员（从自耕农到最有权势的国王）都清楚等级中其他成员的地位、任务和面临的难题。事实上，传统体系中每个机构都有完全相同的任务，面临相同的难题，区别仅在于规模不同。在新多元主义中，每个机构都有不同的任务，开展不同的业务理所应当，并且它们认为各自的不同于其他机构的业务而言非常重要。尽管大型企业的副总裁、政府机构的处长、大学的系主任可能管理着相似规模的机构，并面临类似量级的管理难题，但他们不容易理解彼此的作用、任务与决策。传统多元主义体系的成员始终担忧自己的“优先权”和在等级体系中相对于其他成员的地位。在新多元主义体系中，这不是一个重要的问题。医院管理者并不特别关心自己相对于企业总裁、工会领导者、空军将领的地位，但他们都关心“沟通”问题。在新多元主义体系中，某位管理者要想理解其他人在做什么，为什么那么做，需要具备大量的经验，或者至少需要具备丰富的想象力。

新多元主义体系中的组织必须共同生存，一起工作。它们彼此相互依存。任何一个都不能单独存在，都不能独自生存，更不可能像传统多元主义社会中的机构那样自身可以成为一个完整的社区。

关于组织社会的理论必须立足于组织相互依赖的基础上。组织的这种“相互依赖”不同于我们以前用该术语所指的任何东西。当然，社会中任何人都不是一座孤岛，这并不是一个新发现。我们可以理所当然地认为，许多其他人从事自身的工作，客观上有助于我们所有人（包括隐士）以各自的方式生活，这并不是新鲜事。

当人们思考“相互依赖”的时候，他们往往会想到上述物质层面的互通有无。毫无疑问，这种传统的相互依赖已经变得比以前明显得多。最重要的是，特大都市是一个由相互作用、相互依赖的服务构成的世界，每种服务对于整体的功能和社区中每个成员的存在都绝对不可或缺。

但组织彼此之间的新型相互依赖关系主要不在物质层面。大型组织越来越多地把自身职能的执行相互外包。每个组织越来越多地利用作为代理机构的其他组织来完成自身的任务。这种功能层面的相互交织是我们以前闻所未闻的。组织承担的角色经常迅速变化；一个组织今天被期望做的事情，明天可能就会被另一个组织承担。

当听说未来的医院、学校可能由企业来设计、建造，并主要由企业经营

（为受托人、校董会、课程服务）时，任何人都不再感到震惊。当听说纽约市市长提议把公立医院移交给私营医院时，任何人都不再感到惊讶，与此同时，私营医院越来越多地探讨把自身的管理任务交给具备“系统”经验的大型企业。若干大型企业（如通用电气公司）提议在特大都市合理通勤距离内发展全盘规划的城市，许多人欢呼这是解决极端混乱的城市住房问题最有前途的方案。

以往，主要机构负责人之间很少见面，甚至基本不联系，这种简单关系正在变得越来越复杂、混乱、分散或拥挤。这是一种混乱的、发展中的关系，绝不是一种清晰的关系，更不是洁净的关系。政治科学家习惯于谈论政府“网络”，但现在我们所处的关系只能被比喻为一张“毛毡”，在这张毛毡中，各种线头乱七八糟地缠绕在一起。

这确实是一种既**危险**又难以处理的关系。事实上，这种关系产生的成果越多，带来的摩擦就越大。以国防项目为例，如果政府坚持要私营承包商适应政府提供服务的逻辑和原则，那么就会用官僚主义的繁文缛节、规章制度、约束条件束缚承包商。最终，由于承包商难以适应，政府也会非常恼火。但如果政府接受承包商的运作方式和商业逻辑，那么来之不易的公共资金问责原则将受企业董事会的摆布。

公共领域的成果，通常被认为无法明确衡量。因此，仔细记录成本非常重要。成本是存在的，但成果是假设的。但在商业领域，只有在考虑成果时才会存在成本。只要有成果，那么成本越少越好。政府公务人员根本不理解这一点。但商人同样不理解政府公务人员的逻辑。双方在试图合作的同时相互摩擦，都对对方的态度表示不满和怀疑，但又都依赖对方。

政府与医疗行业合作时的情况同样如此。医生看到的是病患个人。确实，我们没人想要被医生当作“平均数”对待。但政府只能处理大范围的数据或者平均状况的数据。大学与企业、大学与政府、大学与军队之间的关系，同样充满了相互误解、相互猜疑、相互摩擦。然而我们将看到更多的这类关系，它们是产生社会需要的成果所必需的。

现代社会的多元结构基本上独立于政治体制与政治控制，无法用现有的社会理论来解释，也不符合现有的经济学框架。该结构需要一种新的政治和社会理论。

单个组织同样如此，它也是新型机构。当然，有些大型组织已经延续了几个世纪之久。金字塔由成千上万的组织有序的民众建造。军队通常规模庞大、组织严密。但历史上的这些组织与当今的组织存在根本区别。

当今的组织是知识型组织，其存在是为了使成百上千种专业知识富有成效。对于拥有 30 多个相关科室的医院来说，情况就是如此：每个科室都对应专门的课程、单独的文凭以及特定的职业规范和标准。当今的企业、政府机构、军队等组织越来越属于这种情况。在上述每种组织中，大部分员工受雇并非旨在从事体力劳动，而是从事知识工作。当胡夫[⊖]的监工大声喊出命令时，拉绳子的埃及农夫无须思考，也不被期望有任何主动性。在当今的大型企业中，典型的雇员被期望用头脑做出决策，并负责任地把知识用于工作。

但也许更加重要的是，当今的知识型组织被设计为一种永久性组织。以往的所有大型组织的寿命都非常短暂。这些大型组织为某项特定任务而成立，任务完成后就解散，所以它们是临时性组织。

以往的大型组织显然也是社会中的异类，对当时的绝大多数人几乎没有任何影响。现如今，绝大多数人的生计、机会与工作都取决于组织。在现代社会中，大型组织已经成为个人所处的日常环境。

⊖ 胡夫（Cheops，约公元前 2575—约公元前 2465），古埃及第四王朝的第二位法老，大金字塔的建造者。——译者注

当今的大型组织也是社会机会的来源。正因为有了这些组织，我们才有了为受教育人群提供的工作机会。如果没有这些组织，我们就会像过去那样被限制在没有受过教育的人从事的工作的范围内，不论这些人是熟练工人还是不熟练工人，都只能从事体力劳动。知识工作岗位之所以存在，正因为永久性的知识型组织已经普遍存在。

与此同时，现代组织也造成了新的问题，最重要的是对人的权威问题。开展工作需要权威。权威应该是什么？什么是正当权威？有什么限度？每个组织的目的、任务与成效也存在问题。管理方面也存在问题。如同每个集体一样，组织本身是一种法律拟制[㊀]。无论是在“美国”、在“通用电气公司”还是在“梅塞科迪亚医院”，都是组织中的个人做出决策并采取行动，然后归之于这些组织。这既存在秩序问题与道德问题，也存在效率问题与关系问题。在上述这些方面，传统并没有给我们提供多少指导。

这种把各类知识汇聚在一起从而取得成果的永久性组织，是新事物。作为一种普遍现实而不是例外情况的组织，也是新事物。而且，组织社会是最新的事物。

因此，我们迫切需要一种组织理论。

㊀ 法律拟制（legal fiction），法庭假定的事实，以作为裁决某个法律问题的基础。这个概念几乎只在普通法管辖区使用，尤其是英国。——译者注

第9章 | CHAPTER 9

新组织理论

（摘自1969年版《不连续的时代》）

1968年春，一本诙谐幽默的著作在几周内成为报端新闻热议对象。这本名为《管理与马基雅维利》[一]的著作声称，每家企业都是一个政治组织，因此马基雅维利有关君主和统治者的规则完全适合指导企业高管。

《管理与马基雅维利》的书评主要面向那些郊区的女士们，她们或许充分意识到了桥牌俱乐部和家长－教师联谊会[二]从大型企业或马基雅维利的作品中没什么可学的。每个组织都必须行使权力，因此必然存在争权夺利，这既不新鲜也不令人吃惊。

但在过去的20年中，非企业组织（政府、军队、大学、医院等）已经开始采用企业管理的理念和方法。这确实既新鲜又令人吃惊。

[一] 《管理与马基雅维利》(*Management & Machiavelli*)，作者是安东尼·杰伊（Anthony Jay），1967年由伦敦的霍德与斯托顿出版社出版。——译者注

[二] 家长－教师联谊会（Parent-Teacher Association），1897年由爱丽丝·伯尼等人创立于华盛顿特区，旨在鼓励家长参与学校的教育工作。——译者注

当加拿大军队于1968年春合并为一个整体[一]时，其第一次全体军官会议的主题是“目标管理”。一个又一个政府为高级公务员组建“行政人员学院”，试图向这些人传授“管理原理”。1968年是美国爆发种族问题和现有课程遭遇挑战的危机年份，当时美国9000名中学校长齐聚一堂，邀请了一位企业管理专家做大会的主题演讲——“卓有成效的管理者”。

作为古典文学“文科学位”的大本营，英国公务员体系现在设有一个管理部门，一个管理学院和各种管理课程。相较于企业，非企业组织对“管理顾问”服务的需求的增长速度要快得多。

不同于以往，现如今人们认识到所有机构都是“组织”，因此存在共同的管理维度。这些组织都非常复杂，具有多个维度，至少需要从三个维度思考和理解：功能或操作维度、伦理维度、政治维度。关于组织社会的新理论看起来将与我们习以为常的社会理论截然不同。新理论既与洛克[二]没有太多关联，也与卢梭互不牵涉；既不涉及约翰·穆勒[三]，也不涉及卡尔·马克思。

组织如何发挥功能顺利运作？组织如何从事自己的工作？除非我们理解组织的存在是为了什么，否则我们关注有关组织的任何其他问题，实际上都没有多大意义。

功能或操作维度包含三个主要部分，每个部分都是一个庞大而多样化的学科，涉及目标、管理、个人绩效等问题。

[一] 1968年2月1日，原先相互独立的加拿大皇家海军、加拿大陆军、加拿大皇家空军合并为一个整体，采用统一的“加拿大武装部队”名称，2011年又拆分，各自改回了1968年前的名称。——译者注

[二] 约翰－洛克（John Locke，1632—1704），英国经验主义哲学家，主张政府只有在取得被统治者的同意，并且保障其拥有生命、自由、财产的自然权利时，统治才有正当性。——译者注

[三] 约翰·穆勒（John Stuart Mill，1806—1873），英国哲学家、经济学家，功利主义的代表人物。——译者注

1. 组织的存在并非为了实现自身的目的。组织是手段：每个组织都是社会的器官，承担一项社会任务。生存对组织而言并非像对生物物种那样是一个足够的目标。组织的目标是对个人和社会做出具体的贡献。因此，不同于生物有机体，对组织绩效的检验总是来自组织外部。

在我们所需的组织理论中，首要的内容是组织目标。组织如何确定自身的目标？如何调集资源实现卓越绩效？如何衡量绩效？

除非组织确定了想要实现的目标，否则不可能实现卓越绩效。换言之，除非组织有目标，否则难以管理。除非组织知道被期望做什么以及如何衡量是否在做，否则不可能设计出合理的组织结构。

“我们的业务是什么？”试图回答该问题的任何人都会发现，这是一个难以回答、充满争议、容易使人逃避的问题。

事实上，对于“我们的业务是什么”这一问题，我们永远不可能给出一个“最终”答案。一段时间过后，任何答案都会变得过时。因此，管理者必须不断地思考这个问题。

但如果管理者对此心中没数，缺乏明确的目标，那么资源就会被分散和浪费。这会导致无法衡量成果。如果组织没有树立目标，就不能确定自己具有何种成效以及能否获得成果。

为组织确定目标没有一套“科学的”方法。确定目标恰恰需要做出价值判断，这是货真价实的政治问题。这么说的一个原因是，这类决策面临不可避免的不确定性，关注的是未来，而我们不知道有关未来的“事实”。因此，在组织目标领域，总是存在各种计划的冲突和政治价值观的矛盾。

20 世纪的政治科学家不再关注价值观、政治纲领、意识形态，转而研究决策过程，这并非完完全全不负责任。关于组织目标，最艰难和最重要的决策是不做什么。首先，哪些业务不再值得做因而需要放弃？其次，应优先做什么？应集中精力做什么？一般而言，这些都不是意识形态性决策。当然，这些决策是判断，是且应是明智的判断。然而，决策应该基于对替代方案的界定，而不是基于观点和情感。

迄今为止，关于放弃什么的决策最重要，也最容易被忽视。

大型组织绝非万能。大型组织通过自身的规模而非敏捷来实现卓越绩效。跳蚤可以跳得比自己高许多倍，但大象不行。规模能使组织把更多种类的知识和技能投入工作，而个人或小团体不可能拥有这些知识和技能。但规模也是一种限制。无论组织想要做什么，一次只能专注于极少数业务。更优秀的组织或能“有效沟通”的组织并不能突破这种限制。**组织的法则是专注。**

2. 大型组织的目标各不相同。每个目标都服务于社区的某个目的。然而，在管理领域，各组织在本质上是相似的。

由于所有组织都需要把大量人员聚集到一起，追求共同的绩效，从事共同的事业，因此它们都需要在个人需求与组织目标之间保持平衡。每个组织都需要在弹性、员工自主与秩序之间保持平衡。每个组织也需要由一般“组织原则”（实际上是宪法性规则）决定的结构。除非每个组织都认可“情境逻辑”和个人知识中固有的权威，否则就难以取得卓越绩效。除非每个组织都拥有独立的决策权，且除此之外没有上诉余地，否则就不会做出真正的决策。上述两种不同结构，各有自身的逻辑，不得不在同一个组织内动态共存。

在过去的半个世纪中，我们在管理领域开展了大量工作。此前我们从未面临过理顺和领导大型的知识型组织的任务。我们不得不迅速学会。在了解该领域的人当中，没人会坚持认为我们已经基本清楚情况。确实，如果在这一争论不休的领域有任何共识的话，那就是未来的组织结构将不同于我们现在已知的任何结构。然而，管理工作如今已经不再具有开创性。大学以管理的名义讲授的内容有 90% 可能都是无稽之谈——剩下的 10% 可能是程序而不是管理。尽管如此，管理领域面临的主要挑战是众所周知的。

例如，我们知道必须衡量成果。我们还知道，除企业之外的多数组织都不知道如何衡量成果。

根据病床（一种稀缺且昂贵的商品）的利用率来衡量精神病院的成效，听起来似乎合情合理。然而，一项对退伍军人管理局精神病院的研究表明，该标准导致精神病患者被关在医院里，从治疗角度来看，这是对精神病患者所做的最糟糕之事。然而，缺乏利用（即空床率）也不是合适的衡量标准。那么在我们不幸对精神疾病的知识有限的情况下，该如何衡量一家精神病院的工作呢？

又该如何衡量一所大学的工作呢？

根据学生毕业 20 年后的工作岗位和工资收入吗？根据难以捉摸的传说，即某位教师的“声誉”吗？这往往只不过是自我吹嘘和夸大的学术宣传而已。根据校友获得博士学位或科学奖项的数量吗？或者根据校友对母校的捐赠数额吗？上述每种衡量标准都代表了关于大学目的的一种价值判断。

3. 功能或操作维度的最后一部分可能是不同组织中差异最小的领域，即组织中的个人成效领域。

组织是一种法律拟制。组织本身不能做任何事，不能制定任何决策，不能做出任何计划。个人却会做出决策并制订计划。最重要的是，只有在我们通常称为“高管”的人（即那些被期望做出决策的人，其所做的决策会影响组织的成果和绩效）采取行动时，组织才“行动”。

在知识型组织中，每位知识工作者都是“高管”。因此，现代组织要想有效地执行任务，必然要求大量的人卓有成效，而且其人数正在迅速增长。我们整个社会的福祉越来越依赖大量知识工作者在组织中取得成效的能力，并且在很大程度上，知识工作者的成就和满意度也有赖于此。

高管的成效不仅是组织所需，而且不符合传言中的“组织人”[一]公式。最重要的是，高管的卓有成效是个人所需。因为组织必须成为**他的**工具，尽管同时组织会产生社会和社区所需的成果。

高管的成效不是自动产生的，不是“如何不半途而废而取得的成功”，甚至不是“如何通过不断尝试而获得的成功”。组织是一种不同以往的新环境，对高管提出了不同以往的新要求，但这也给高管提供了不同以往的新机会。组织不需要太多新行为，而需要新理解。

归根结底，组织要求个人能够做决策，并把正确的事情做成。这种要求不可能对传统环境中的人提出。农民只需被告知做什么和如何做。

工匠有自己的行会惯例来具体规定工作程序、标准等。但组织的高管不需要外界告诉他们这些。高管不得不自己做决策。如果高管不做决策，就无法取得成果，就必然既不能成功又得不到满足。

迄今为止，管理理论很少关注该领域。人们已经关注了高管的能力、培训和知识，但没有重视高管的特质，即取得成效。这是人们对高管的期望，然而总体来看，我们尚不清楚这具体意味着什么。不过所有人都知道，很少有高管能够取得以其能力、知识、勤勉所应取得的成效的 1/10。

高管的成效最终将在组织理论中占据一席之地，在整个政治理论的发展史上，该位置一直被围绕统治者教育的讨论占据。尽管马基雅维利提供了不同以往的答案，但他完全属于这个传统。宪法律师（即我们现在所谓“管理”的早期倡导者）会思考：“这种政治组织要求什么样的结构？”论述“统治者教育”问题的思想家和作家（《理想国》和《第七封信》[二]的作者柏拉图居首位）会思考：“统治者必须是什么样的人？他必须做什么？”当我们谈论

[一] 组织人（organization man），源自美国作家威廉·怀特的小说《组织人》，用于描述各类大型组织中成员的普遍特征：顺从、刻板、保守、程序化等。——译者注

[二] 《第七封信》（the *Seventh Letter*），迄今已发现的柏拉图最长的书信，对他在西西里的活动进行了自传体描述。——译者注

“卓有成效的管理者”时，这些问题再次被提出。只不过我们不再谈论“国王”，也就是身居高位之人。在知识型组织中，几乎人人都占据一个传统意义上的“高位”。

上述三个主要部分（目标、根目标和管理衡量绩效、高管的成效）彼此截然不同。然而，它们都属于相同的领域和相同的组织维度，探讨的都是组织的功能问题。

“企业的社会责任”已经成为记者、企业领导者、政治人物、商学院最喜欢讨论的话题。组织伦理确实是当今时代的核心关注点。但谈论“企业的社会责任”时，人们往往假定负责与否只是企业的问题。但很显然，责任是所有组织面临的核心问题。所有机构都拥有权力，所有机构都行使权力，因此所有机构都需要对自身的行为负责。

现如今，主要机构中最不负责的不是企业，而是大学。在所有机构中，大学可能具有最大的社会影响。

大学拥有任何其他组织都不具备的垄断地位。年轻人一旦大学毕业，就会面临许多职业选择。但在他毕业前，大学控制着他接触所有就业机会（企业、政府机构、医院等提供的就业机会）的途径。然而，大学没有认识到自身的权势以及所造成的影响，因此也没有认识到责任问题。

无论如何，从“责任”出发太狭隘，因此会造成误导。每位宪法律师都知道，政治学辞典中没有单独的“责任”这一词条，有的是“责任**与**权力”。承担“责任”的任何人都会声称拥有“权力”。反过来，拥有权力的任何人都应负责。在没有权力的领域承担责任，实际上是篡夺权力。

因此，问题不是组织的“社会责任”是什么，而是合适的权力是什么。组织发挥自身的功能会产生什么影响？

1. 为了履行使命，任何机构都会对社会造成影响。同样，任何机构都坐落于某个区域，会影响当地社区和自然环境。而且，每个机构都需要雇用员工，这意味着它们对员工拥有非常大的权力。这些影响是必要的，否则我们无法获得企业的产品和服务、学校的教育、研究实验室的新知识、地方政府的交通管理等。但这些影响并非组织的目的所在，而是附带产生的。

这些影响（在这个术语的全部意义上）是一种必要的恶。

如果我们知道如何在无须权力的情况下取得成效（这是我们维持该机构的目的），那么肯定不会允许对人行使权力。实际上，只要有理智，每位管理者都会非常乐意在没有人员的情况下完成工作。人员会造成很多麻烦。管理者不想扮演“政府”的角色，这只会妨碍他自己的工作。

因此，“社会责任”的第一法则是尽可能减少对人们的影响，并且对于所有其他影响也是如此。对社会和社区的影响是一种干扰。只有在严格限定和解释的情况下，它们才可以被容忍。尤其是，要求雇员“忠诚”既是不允许的，又是不正当的。劳动关系基于雇用合同，相较于任何其他法律合同，我们应更狭义地对雇用合同进行解释。这并不会妨碍组织与雇员之间的感情、感激、友谊、相互尊重与信任。这些都弥足珍贵，但都需要努力争取才能得到。

或许更重要的是第二法则，即组织有责任预测自己所造成的影响。组织的任务是展望未来，并深入思考哪些影响可能会成为社会问题。而且，组织有责任尽力避免造成不良后果。

这是出于组织自身利益考虑。只要组织没有尽力避免不良影响，终究会自食其果，导致政府监管、法律惩处或外部干预。最终，这种恼人的或具有破坏性的影响会造成“丑闻”，由于“丑闻”而出台的法律必然是糟糕的法律。这种法律为了挫败 1 名恶棍而株连 99 名无辜者；往往惩罚好的实践，却很少阻止不当的实践；表达的是情绪，而非理性。

相反，每当组织领导者预测到某种影响，并深入思考需要采取何种措施来避免或使其变得可接受时，公众和政治人物就会恭敬地听取他们的意见。在商业领域，尤其如此。只要企业领导者预测到产生的影响，深入思考如何预防或矫正，他们的建议通常都会被接受。每当他们熟视无睹直到“丑闻”爆发，公众强烈抗议时，他们都会遭受惩罚性监管，而这往往只会导致问题恶化。

例如，美国汽车企业并非一直没有安全意识。相反，汽车企业在安全驾驶指导和安全公路设计方面处于领先地位，大大降低了事故发生的频率，并且取得了相当大的成功。然而，现如今汽车企业遭受惩罚的原因是未能降低事故本身的危险性。当汽车企业尝试引进安全设计的汽车时（如福特汽车公司在 20 世纪 50 年代早期试图引入安全带时所做的那样），公众却拒绝购买。后来汽车企业却因制造不安全的汽车而遭受谴责，受到惩罚性法律的制裁，并遭到公众蔑视，因此汽车企业痛斥公众忘恩负义。然而，汽车企业确实应该受到谴责，它们应该采取预防事故的安全措施，而不是坐等纳德[一]采取行动。

需要人们共同努力才能做某事时，需要具备相应的法律。靠人们“自愿的努力”去做若干短期内有风险且不受欢迎的事，这种努力从未成功过。一般而言，每个群体中至少有一位愚蠢、贪婪、目光短浅的成员。如果等待人们“自愿的行动”，那么没人会行动。因此，预见到问题的个别组织就有责任做不受欢迎的事：深入思考相关难题，制订解决方案，不顾“团体内其他成员”的公开反对而为合适的公共政策进行游说。勇担该责任者从未失败或者遭受痛苦。但每当一个组织选择退缩，以“公众不允许我们这样做”或“行业不允许我们这样做”为借口时，最终都会付出沉重代价。公众会原谅盲目，但不会原谅没有根据自己最了解的情况行事。没有根据自己最了解的情况行事，这恰恰就是懦弱。

[一] 拉尔夫·纳德（Ralph Nader，1934—），美国政治活动家、作家，因主张消费者保护、环保、政府改革而闻名，1965 年出版《任何速度都不安全》，1970 年创建汽车安全中心，从事了大量提高汽车安全性的工作。——译者注

2. 理想情况下，组织可以把社会需求和期望（包括因组织的影响而产生的需求和期望）转化为实现自身绩效的机会。在多元社会中，每个组织都被期望成为传统意义上的企业家[㊀]，能把资源从生产率较低的领域转移到生产率较高的领域。每个组织都根据自身的绩效领域来定义“生产率”，因此，每个组织都以不同的标准衡量成果，但所有组织都具有相同的任务。

这尤其意味着，把满足社会需求和期望转化为盈利业务是对企业的一项伦理要求。

在我们正身处的这个不连续的时代，“组织社会责任”在预测社会需求并将其转化为实现绩效和成果的机会这一方面可能尤为重要。在以往的50年中，这种机会并不常见。所有机构面临的主要挑战，在于如何把已经在做的事情做得更好。无论在企业、医疗保健领域还是在教育领域，处理不同以往的新事物的机会都很稀缺。

但情况并非一直如此。100年前如同当前，巨大的创业机会在于满足社会需求和期望。把教育转化为有利可图的大生意，或者把城市住房问题转化为赚钱业务，这可能会让当今的人们（商人及批评者）觉得不可思议。但这些机会与促进现代电气工业、电话、大城市的报纸和图书出版、百货商店、城市交通等行业发展的机会并没有太大区别，它们背后的需求与100年前的社区需求无异。满足这些需求都需要远见和创业勇气，需要大量新技术以及大量社会创新，并且它们都是个人的需求，只有基于庞大的规模才能得到满足。

由于这些需求被视为“负担”（也就是“责任”），所以尚未得到满足。一旦这些需求被转化为机会，就能够得到满足。换言之，寻找机会就是组织

㊀ 企业家（entrepreneur），最早由法国经济学家萨伊提出的概念，在德鲁克的语境中，既指从事创新的个人，又指开展创新的组织。——译者注

的责任。

总而言之，当组织关注超出自身能力和行动范围的“社会问题”时，它并非在履行“社会责任”。当组织专注于通过自身的具体工作来满足社会需求时，它就是在履行“社会责任”。当组织把社会需求转化为自身绩效时，它无疑是最负责任的。

绝大多数人（尤其是社会中绝大多数受过教育的人）是大型组织的雇员。因此，组织必然对他们行使相当大的权力。事实上，组织对多数人拥有直接权力。还有中小学、学院、大学的学生，以及大量其他领域的公众，他们不可避免地受一个或多个组织的指导与控制。因此，无论是政府机构、医院、大学还是企业，组织权力的正当性和组织管理层的正当性都是一个问题。这是组织社会的政治难题。

然而，当今多元主义社会中的组织不是也不能是真正的社区。真正社区的目的总是实现自我。就像当今的组织在内部没有成果一样，组织在内部也没有目标，有的只是成本。

因此，《管理与马基雅维利》以诙谐的方式比较（企业、大学、政府机构、医院等的）管理与真正的“统治”，是一种半对半错的陈述。现代社会机构（包括管理邮局的政府机构）的管理不是“统治”。现代社会机构的任务是功能性的而非政治性的。它们行使所掌握的权力和权威是为了满足部分社会需求。不同于早期的多元主义权力，现代社会机构的范围既不是社会与社区需求的总和，也不是社会与社区资源的总和，而是一种特定的社会需求和期望。现代社会机构的要求超越了把资源分配给特定的、有限的但至关重要的任务。但无论这些机构表现出何种能力，都应归功于它们的专业化，以及聚焦于某项有限的任务，并把资源投向一个特定的、可界定的、有限的目标。

最重要的是，这意味着现代机构的领导者（这些组织的负责人）不能把自身的地位、权力与权威建立在任何传统的正当性原则之上。例如，他们不能把自身的权威建立在“被统治者的同意”之上。在组织的政治维度中，“被统治者”不是也不能是“统治”的受益者和目的所在。

大型企业的存在不是为了雇员，其成果位于企业外部，仅仅受到雇员认可、同意、态度的间接影响。无独有偶，医院的“选民”不是在医院工作的人，而是病患。对于需要进行肝脏移植的病患而言，医院的护士是否满意无关紧要。该病患最关心的是医院的肝脏移植存活率。

为了自身的利益，组织需要迫使成员承担最大的责任。

然而，在直接影响到组织标准、绩效、成果的领域，成员不能发挥决定性作用。在这些领域，标准、绩效、成果必须支配组织成员。做什么以及如何做，很大程度上取决于组织外部的需求和期望。这在很大程度上又取决于“惩罚”（无论是科学的惩罚还是市场的惩罚）。通用汽车公司员工关于新汽车设计的投票完全无足轻重，真正重要的是消费者是否会购买。

当然，左派对此的传统回应是，要求这些机构被“政治主权者”（即国家）接管而实现“正当化”。这些机构的管理者将由正当的政治当局任命，并从真正的主权者那里获得权力。经验表明，这是赤裸裸的诡辩。只不过，同样的损失在以前被指责为管理不善的反面例子，现在却被视为对社会福利的贡献。政府所有制和政府任命管理者并不会改变机构的功能。组织一旦开始发挥功能，就会摆脱来自政府的有效政治控制。事实上，组织不得不到外部追求绩效，不得不根据绩效来控制和衡量。

上述适用于“被统治者的同意”的分析，也适用于所有其他已知的政治正当性原则。无疑，如果组织遭到成员的抵制，那么就完全无法发挥功能。组织必须帮助成员实现各自的目标。我们早就知道，现代组织必须赋予成员地位与功能。但成员也必须为组织目标服务，努力实现组织目标，而这些目标永远不是成员自己的目标。使成员满意不是且永远不是当今社会多元主义组织的首要任务或检验标准。这些组织必须满足外部人的需求，必须为外部目的服务，必须在外部取得成果。在最好的情况下，组织可以将自身使命的要求与成员的目标、价值、期望进行整合与协调，但使命优先。使命是既定的、客观的、非人格化的，同时使命也是具体的、有限的，并且仅仅旨在完成社会、社区、个人的多种需求与期望中的一种。

正由于致力于社会的一个有限目标，才使得现代组织卓有成效。

显然，现代组织和管理层必须掌握的权力仅有一个基础，那就是绩效。这是我们允许组织和管理层存在的唯一理由，也是我们能够容忍他们行使权力、拥有权威的唯一理由。

具体而言，这意味着我们需要知道“绩效”对各组织而言意味着什么。我们需要能够衡量，或者至少能够判断组织的管理能力以及职责履行情况。我们需要坚持的是，组织及其管理应限定于特定任务，而这些任务的绩效证成了组织的存在和权力。超出这些任务的范围，就是篡夺权力。

在新多元主义社会中，专注于特定任务成为组织拥有力量、实现绩效、获得正当性的关键。对于某组织的特定任务，可以存在也应该存在不同观点。随着环境、社会需求、社区价值、技术的变化，观点也会发生变化。事实上，同种类型的不同机构（如某国的不同大学）可能确立截然不同的目标，某行业内的不同企业、不同医院亦会如此。但目标越明确，组织就越强有力。评估绩效的标准和尺度越具体，组织就越卓有成效。权威越严格地基于绩效带来的证成性，组织就越具有正当性。

“凭着他们的果子，就可以认出他们来。”——这很可能成为新多元主义社会的根本宪法性规则。

CHAPTER 10 | 第 10 章

组织社会

（首次发表于 1992 年《哈佛商业评论》）

当今时代的转型不再局限于西方社会与西方历史。事实上，根本性转型是不再有一个“西方”历史或一个“西方”文明，只有世界历史或世界文明。

这场转型是始于第一个非西方国家（即日本）崛起为经济大国，还是始于第一台计算机（即信息）的诞生，尚不得而知。我倾向于认为它始于美国的《退伍军人权利法案》出台，该法案为每名曾参与第二次世界大战的退伍军人提供上大学的资金。同样的规定，若在 30 年前的第一次世界大战结束时推出，就没有任何意义。《退伍军人权利法案》以及美国老兵的热烈回应，是社会向知识社会转型的标志。

在当今社会，知识是个人和整体经济**特有的**首要资源。经济学家论述的传统生产要素（土地和资本）并没有消失，而是成了次要资源。只要具备专业知识，这些次要资源就可以获得，并且非常容易获得。

但与此同时，专业知识不能独自生产任何东西。

只有用于特定任务，专业知识才会变得富有成效。这就是为什么知识社会也是组织社会。无论是企业组织还是非企业组织，所有组织的目的与功能都是把专业知识用于共同的任务。

这就带来了新问题。但我相信，我们有非常大的可能已经找到了主要问题的症结所在。

尤其是，我们已经了解组织社会存在的核心张力以及遭遇的核心问题：社区的稳定需求与组织破坏稳定的需求之间的张力；个人与组织之间的关系、彼此之间的责任以及组织的自治需求与社会的公共利益之间的张力；对组织承担社会责任的要求日益增加；掌握专业知识的人员与组织对他们作为团队追求绩效的需求之间的张力。所有这些在未来几年都会成为人们（尤其是发达国家的人们）的核心关注点。这些问题不会通过宣言、哲学或立法得到解决。

这些张力和问题将会在产生之处（各组织中和各高管的办公室中）得到解决。

社会、社区、家庭都是保护性机构。这些机构试图维持稳定，防止或者至少延缓变革。但现代组织是稳定状态的破坏者，必须调动资源追求创新。正如伟大的奥地利裔美籍经济学家约瑟夫·熊彼特所言，创新是“创造性破坏”。组织必须系统性地抛弃任何已有的、习惯的、熟悉的、令人舒适的事物，而这些事物可能是产品、服务、过程、一套技能、人际关系和社会关系，甚至组织本身。简而言之，组织必须不断变革。组织的功能是把知识用于工作，具体包括用于工具、产品、流程，以及工作设计和知识本身。

知识的本质在于快速更新，今天确定无疑的真理在明天往往变成谬论。

由于通常情况下对知识体系造成最深刻影响的变化并非来自本领域，所以这一点具有双重重要性。

在古腾堡[一]首次使用活字印刷之后的400年里，直到蒸汽机出现，印刷术几乎没有任何变化。

铁路遭遇的最大挑战并非来自铁路自身的变化，而是来自轿车、卡车和飞机。现如今，制药业被来自遗传学和微生物学（40年前几乎没人听说过的学科）的知识深刻地改变了。

绝非仅仅科学或技术能创造新知识、淘汰旧知识。社会创新与科学创新同等重要，并且往往更重要。事实上，引发当前全球商业银行（19世纪最令人们自豪的机构）危机的并不是计算机或任何其他技术变革，而是许多非银行的企业组织发现的一种古老的但迄今仍相当令人费解的金融工具——商业票据。商业票据可用于为企业融资，因此严重冲击了被银行垄断长达200年且带来最多收入的业务——商业贷款。在所有这些变化中，最大的变化可能是，在过去40年中目的明确的创新本身（包括技术创新和社会创新）已成为一门组织有序的学科，该学科既可以讲授又可以学习。

许多人都相信，以知识为基础的迅速变革并不局限于商业领域。第二次世界大战以来的50年中，没有任何组织比美国军队的变化更大。虽然制服还是老样子，军衔等级也基本未变，但1991年的海湾战争已经戏剧性地表明，武器装备已经彻底变了，军事理论与军事理念发生了更大变革，组织结构、指挥结构、关系与职责同样发生了彻底变革。

同样，我们可以有把握地预测，未来50年中，学校将发生越来越彻底的变革，这些变革将超过自300多年前它们发展为当前形式以来的任何变革。当时，学校围绕着印刷书籍进行了重组。推动这些变革的因素，一部分是新技术，如计算机、录像、卫星电视广播等的发展；一部分是知识社会的需求，在知识社会中，有组织的学习必须成为知识工作者的终生事业；还有

[一] 古腾堡（Gutenberg，约1400—1468），德国工匠、发明家，最早把活字印刷术引入欧洲。——译者注

一部分是关于人类如何学习的新理论。

对于管理者而言，知识的动态更新提出了一项明确要求：每个组织都必须把变革管理纳入自身的结构中。

一方面，这意味着每个组织都必须做好放弃所从事的一切业务的准备。对于每套工艺、每种产品、每个程序、每项政策，管理者每过几年都必须思考："如果我们当初没有开始，那么现在还会做这一切吗？"如果答案是否定的，那么接下来必须思考："现在我们该**做**什么？"管理者必须有所**行动**，而不是动动嘴皮子："让我们再研究研究。"事实上，组织将越来越不得不**有计划地**放弃曾经成功的产品、政策或做法，而不是企图让其苟延残喘。

另一方面，这意味着每个组织都必须努力创造新业务。具体而言，每个组织都不得不采取以下三种系统性做法。

第一，每个组织都必须持续改进所有业务，日本人把该过程称为"**改善**"（*kaizen*）。历史上，所有日本艺术家都在实践"改善"，或者说组织有序地、持续地自我改进。迄今为止，只有日本人（或许是由于日本禅宗传统）把"改善"融入日常生活和企业组织的工作中（顽固抵制变革的大学除外）。"改善"的目标是改进某种产品或服务，使其在两三年内成为一种完全不同的产品或服务。

第二，每个组织都必须学会利用自身的知识，也就是学会从当前的成功中开发知识的新用途。

同样，迄今为止，仍然是日本企业在这方面做得最好，消费电子产品制造商成功地基于美国发明的录音机开发出一代又一代新产品，这就证明了这一点。成功地利用自身的成功也是快速发展的美国牧养式教会[㊀]的优势之一。

㊀ 牧养式教会（pastoral church），该称呼源自阿林·罗福博士（Dr. Arlin J. Rothauge）1983 年出版的调查报告《为新教友估计会众人数》，具体是指活跃教友人数在 50 ～ 150 人的教会。——译者注

第三，每个组织都必须学会把创新（创新现在可以被组织起来）作为一个系统过程。当然，接下来会回到放弃阶段，整个过程重新开始。除非这样做，否则知识型组织很快就会发现自己过时了，丧失了实现卓越绩效的能力，也失去了吸引并留住熟练员工和知识工作者的能力，而实现卓越绩效必然依赖他们。

有组织地进行变革也要求高度的分权化。这是因为组织必须构建相应的结构以便于快速做出决策。这些决策必须基于对绩效、市场、技术、社会、环境、人口等方面的所有变化的密切关注。

然而，所有这些都意味着知识社会的组织必然不断地扰乱、瓦解、破坏社区。

组织必须改变对知识与技能的需求。就在每所理工大学准备讲授物理学的时候，它们却需要遗传学家。就在银行雇员最擅长信用分析时，他们却需要转型为投资顾问。但同时，企业必须可自由地关闭当地社区就业所依赖的工厂，或者替换头发斑白的模型制造者（先前他们花了数年时间才向那些精通计算机模拟技术的 25 岁神童学会这项手艺）。

同样，当产科知识和技术发生变化时，医院必须能够把分娩业务转移到独立的分娩中心。当医疗知识、技术、实践的变化导致一家只有不到 200 张床位的医院变得既不经济又难以提供一流医疗服务时，我们必须能够彻底关停该医院。

如果人口、技术、知识的变化为医院的绩效设定了新的先决条件，那么为了使医院履行社会功能，我们就必须能够将其关闭，而无论它在当地社区多么根深蒂固，多么受人爱戴。学校或任何其他社区组织同样如此。

但每一次这种变化都会干扰甚至破坏社区，剥夺社区的连续性。每一次这种变化都是“不公平的”，都会打破稳定状态。

同样具有破坏性的是组织的另一个事实：现代组织必须存在于社区内，但不能是社区**的**组织。组织的成员居住在特定的地方，说当地的语言，把孩子送到当地的学校，有权投票，必须纳税，在那里安家落户。然而，组织不能沉浸在社区中，也不能服从于社区的目的。组织的“理念”必须超越社区。

任务的性质，而不是执行任务所在的社区，决定了一个组织的理念。

为了完成自身的任务，组织必须采取与其他同类组织相同的方式进行组织和管理。例如，我们听到很多关于日本企业与美国企业存在不同管理方式的说法。但一家大型日本企业的运作非常接近一家大型美国企业，并且这两家大型企业的运作也非常接近德国大型企业或英国大型企业。同样，无论一所医院位于何处，身处其中的人不会怀疑自己是否身处医院中。对于中小学、大学、工会、研究实验室、博物馆、歌剧院、天文台、大型农场等组织来说，同样如此。

此外，每个组织都坚持一套由任务决定的价值体系。在世界上的每家医院中，医疗保健都被认为是至善。在世界上的每所学校中，学习都被认为是至善。在世界上的每家企业中，产品或服务的生产与分配都被认为是至善。为了实现卓越绩效，组织成员必须相信，他们所做的一切归根结底都是对社区和社会的贡献，而其他所有组织都有赖于此。

因此，组织的理念将始终超越社区。如果一个组织的理念与所处社区的价值发生冲突，那么组织必须优先，否则组织将不能为社会做出贡献。古语有云，“知识无涯”。自从第一所大学在 750 多年前建立以来，一直存在着一种“市镇与学士袍”[一]之间的冲突。但这种冲突是组织社会固有的，具体存在于组织为实现绩效所需的自治与社区的要求之间，存在于组织的价值与社区的价值之间，存在于组织做出的决策与社区的利益之间。

[一] “市镇与学士袍”（town and gown），形容西方大学与所在市镇关系的术语，起源于中世纪。——译者注

社会责任也是组织社会固有的。现代组织拥有且必须拥有社会权力，而且是大量社会权力。组织需要权力来制定与人有关的决策，如雇用谁、解雇谁、提拔谁；需要权力来制定获得成果所需的规则和纪律，如工作和任务如何分配，工作时间如何确定；需要权力来决定在何处建工厂，关闭哪些工厂；需要权力来确定价格；等等。

而且，非企业组织拥有最大的社会权力，实际上远远超过了企业所拥有的。历史上几乎没有任何组织被赋予当今大学所掌握的权力。拒绝录取某位学生或者给某位学生颁发学位证书，就等于禁止该生从事某个职业或者让其获得从事某个职业的机会。同样，美国医院拒绝某位医生享受免责待遇的权力等于禁止该医生行医。工会对学徒的接受权或者控制其在“只雇用工会会员的企业”就业的机会，赋予了工会巨大的社会权力。

组织的权力可以受到政治权力的制衡，可以根据法定程序行使并接受法院审查。但权力必须由各组织自己来行使，而不是由行政当局行使。这就是为什么知识社会总是谈论组织的社会责任。

诺贝尔经济学奖得主，美国经济学家米尔顿·弗里德曼声称，企业有且只有一种责任，即经济绩效。[一]这方面的争论完全是徒劳的。经济绩效是企业的**首要**责任。事实上，企业的利润至少应该等于资本成本，否则就是不负责任，也就是浪费了社会资源。经济绩效是基础，没有经济绩效企业就无法承担其他责任，不能成为一个好雇主、好公民、好邻居。但经济绩效不是企业的**唯一**责任，如同教育业绩不是学校的唯一责任，医疗保健不是医院的唯一责任。

权力应受到责任的制衡，否则就会堕落为暴政。此外，缺乏责任，权力

[一] 弗里德曼1970年9月13日在《纽约时报》撰文声称，“企业有且只有一种社会责任：在遵守游戏规则的前提下，利用自身的资源从事旨在增加利润的活动，也就是不欺诈或弄虚作假，开展公开自由的竞争”。——译者注

往往无法获得绩效，而组织必须获得绩效。因此，对组织承担社会责任的要求不会消失，反而会增加。

幸运的是，我们也知道如何回答社会责任问题，不过只能粗略概述。每个组织都必须为自身对雇员、环境、消费者、相关的其他任何人和任何事造成的影响承担全部责任。这是企业的社会责任。但我们也知道，社会将越来越依靠大型组织（营利组织和非营利组织）来解决重大社会问题。由于善意并非总是等同于社会责任，所以我们最好对这方面保持警惕。对于组织而言，下列行为就是不负责任：接受某些任务，这些任务会损害自身执行主要任务和使命的能力；在自身没有能力的领域采取行动。

组织已经成为一个日常用语。当有人说“在我们的组织中，一切都应该以客户为中心”或者“在这个组织中，人们永远不会忘记你犯的错误”时，人人都会点头表示理解。在每个发达国家，大部分（如果不是全部的话）社会任务都在某种组织中执行或者通过某种组织完成。然而，直到第二次世界大战时期，在美国或任何其他地方都没人谈论“组织”。1950 年版《简明牛津词典》甚至没有收录这个词现在的含义。自从第二次世界大战以来，只有随着管理的出现，对于组织的独特性，我们才领悟得越来越多，并将其与社会上的其他机构区别开来。

不同于社区、社会、家族，组织出自目的明确的设计，而且总是专门化的。社区和社会由维系其成员的纽带定义，这些纽带可能是语言、文化、历史、地域等。组织由任务定义。交响乐团并不企图治疗病患，而是演奏音乐。医院并不企图演奏贝多芬的乐曲，而是治疗病患。

实际上，组织只有在专注于单一任务时才有成效。多元化会破坏组织的绩效能力，企业、工会、学校、医院、社区服务组织、宗教组织等，无一例外。社会和社区是环境，必须是多维的，而组织是一种工具。如同所有工具一样，组织越专门化，执行既定任务的能力就越强。

由于现代组织由专业人员构成，而每位专业人员都有自己狭窄的专业领域，所以组织的使命必须非常明确。

组织必须专注，否则成员就会感到困惑。他们将遵从自己的专业知识，而不是将其用于组织的共同任务。他们将根据自己的专业知识定义“成果”，并将其价值强加给组织。唯有一个明确的共同使命才能把成员团结在一起，促使他们创造成果。缺少了这样的使命，组织很快就会失去信誉，并因此丧失对所需人才的吸引力。

现在所有组织高管都习惯性地说：“人是我们最宝贵的资产。”然而，很少有组织会真正落实，更不会真正相信。尽管可能并非有意，但多数人仍然相信19世纪雇主的观点：相较于组织需要成员，成员更需要组织。但事实上，组织必须像推销产品和服务一样推销成员资格，甚至应该更加努力地从事后者。组织必须吸引人，容纳人，承认和奖励人，激励人，服务和满足人。

知识工作者和组织之间的关系是一种全新的关系，当前尚没有一个恰当术语来描述这种关系。例如，顾名思义，雇员是根据工作获得报酬的人。然而，美国最大的单一“雇员”群体由数百万人构成，他们每周为某个非营利组织无偿工作几个小时。他们显然是“员工”，并且也认同该身份，但他们是无偿的志愿员工。同样，许多以雇员身份开展工作的人，在任何法律意义上都没有被雇用。50年前，我们会称这些人（他们中的许多人，或许是多数人，都是受过教育的专业人员）是“独立人士”，现在我们称之为“自雇人员”。

上述名实不符的现象（几乎每种语言中都存在）提醒我们为什么新现实往往需要新词语。但在贴切的词语出现以前，知识社会中雇员的最佳定义可能是：做贡献的能力取决于进入某个组织之人。

对从事从属性和卑微职业的雇员（超市售货员、医院清洁女工、送货卡车司机）而言，这个新定义的影响很小。实际上，他们的岗位可能与工薪阶层没有太大不同，是原先“工人”的直系后代。

但组织与知识工作者（已经占全部雇员的 1/3，更可能是 2/5）之间的关系完全不同，犹如组织与志愿者之间的关系。由于知识工作者只有进入组织才能够开展工作，所以他们具有依赖性。但与此同时，知识工作者掌握“生产资料”，即知识。从这个角度来看，知识工作者具有独立性，且具有高度的流动性。

知识工作者仍需要生产**工具**。事实上，在知识工作者的工具上的资本投资可能已经高于在生产工人的工具上的资本投资。

社会投资（例如对知识工作者的教育投资）是对体力工人的教育投资的好几倍。但除非知识工作者把自己掌握的、任何人不能取走的知识用于工作，否则这种资本投资是没有成效的。工厂中的机器操作员按吩咐做事。机器不仅决定了做什么，而且决定了如何做。知识工作者很可能也需要机器，包括计算机、超声波分析仪、显微镜等，但是机器不会告诉知识工作者做什么，更不会告诉他如何做。如果缺乏知识工作者掌握的知识，那么机器是没有成效的。

而且，如同历史上的所有工人，机器操作员可以被告知做什么、如何做、做得多快。知识工作者不能被有效地监督。除非知识工作者比组织中任何其他人更精通自己的专业，否则他们基本上是没有用的。营销经理可能告诉市场研究人员，企业需要知道的关于新产品设计的知识和应该瞄准的细分市场，但市场研究人员的工作是告诉企业总裁，企业需要什么样的市场研究，该如何开展，以及研究结果意味着什么。

在 20 世纪 80 年代美国企业的创伤性重组中，成千上万（甚至数十万）

的知识工作者失业。他们的公司被收购、兼并、分拆或清算。然而在几个月内，他们中的多数人都找到了新就业岗位，可以把掌握的知识用于工作。过渡时期会令人痛苦，而且在大约一半的案例中，新工作的薪酬没有原先工作的高，可能新工作也不那么令人愉快。

但被解雇的技术人员、专业人员、管理人员发现他们掌握“资本”，即知识。换言之，他们拥有生产资料。作为另一方的组织，拥有生产工具。双方相互需要，缺一不可。

这种新关系的后果之一（也是现代社会中的另一种张力）是，薪水不再能换来忠诚。组织必须向知识工作者证明它为他们提供了把知识用于工作的特殊机会，从而赢得忠诚。不久前，我们谈论“人事”。现在我们越来越多地谈论“人力资源”。这种变化提醒我们，正是个人（尤其是掌握知识和技能的雇员）在很大程度上决定了自身将为组织做出什么贡献，以及自身或自身掌握的知识将带来多大收益。

现代组织由掌握知识的专业人员构成，所以必须是一个平等的组织，成员彼此之间是同事和伙伴关系。没有哪种知识更重要，评价每种知识的标准是对共同任务的贡献，而不是固有的优劣。因此，现代组织不能是一个老板和下属构成的组织，而必须被打造成一个团队。

团队只有三种类型。第一种犹如网球双打球队。在这种（必须非常小的）团队中，每位球员都要适应其他球员的个性、技能、优势、劣势。第二种犹如足球队。在这种团队中，每位球员都有一个固定位置，但整个团队共同移动（除了守门员），同时每位球员都保持各自的相对位置。第三种犹如棒球队（或者管弦乐队）。在这种团队中，每位球员的位置固定不变。

在任何既定的时刻，一个组织只能从事一种活动，并且对于任何既定的任务，组织只能采用一种团队形式。采用何种团队形式或从事何种活动对一个组织而言是最冒险的决策之一。在一个组织中，很少有比从一种形式的团队转变为另一种形式的团队更困难的事情了。改变一个团队的形式需要进行最困难的学习：舍弃所学，也就是放弃辛苦获得的技能、一生养成的习惯、深深珍视的工艺和专业精神，以及（或许最重要的是）放弃长期以来的宝贵的人际关系。这意味着抛弃人们长期以来形成的“我们的社区”或“我们的家庭”。

但如果组织要实现卓越绩效，就必须作为一个团队组织起来。19 世纪末，当现代组织首次出现时，唯一的模板是军队。正如亨利·福特的装配线对 1920 年的世界来说堪称奇迹一样，普鲁士军队对 1870 年的世界来说也堪称组织的奇迹。在 1870 年的军队中，每位军人都做着相同的事情，掌握知识的军人少之又少。普鲁士军队则根据命令 - 控制原则加以组织，并且企业以及多数其他组织都以此为模板。这种情况正在迅速改变。随着越来越多的组织走向信息化，组织正逐步转型为足球队或网球队，也就是转变为基于责任的组织，其中的每位成员都必须作为负责任的决策者行事。换句话说，组织所有成员都必须自视为“高管”。

组织必须得到管理。如同美国郊区学校的家长 - 教师联谊会，组织的管理可能断断续续，也可能敷衍了事。或者如同军队、企业、工会、大学，组织的管理可能是一项需要大量人员全职从事的、费事的工作。但必须有人做决策，否则什么事都做不成。必须有人对组织的使命、精神、绩效、成果负责。社会、社区、家族可能有“领导者”，但只有组织才有“管理层”。尽管这种管理层必须掌握相当大的权力，但它在现代组织中的工作不是指挥，而是激励。

组织社会在人类历史上是前所未有的。组织社会的绩效能力前所未有，因为构成组织社会的每个组织都是为某项特定任务而设计的高度专业化的工具，并且都立足于知识的组织及运用。组织社会的结构也前所未有。而且，组织社会面临着前所未有的张力和问题。其中的一些我们已经知道如何解决，如社会责任问题，但仍存在许多其他问题，我们不知道合适的答案，甚至可能尚未提出正确的问题。

例如，社区的稳定性与连续性需求，组织破坏稳定与创新的需求，二者之间存在张力。又如，“文人”与“管理者”之间存在分裂，两者都不可或缺：前者创造知识，后者应用知识并使其富有成效。但前者注重文字与思想，后者注重人、工作与绩效。组织社会的基础（知识基础）正遭受威胁，这种威胁来自更深刻的专业化和从学问到**知识**的转变。但最大和最困难的挑战来自社会的**新多元主义**。

600 多年来，没有哪个社会像当今社会一样有如此多的权力中心。中世纪确实存在多元主义。那时的社会由数百个相互竞争且自治的权力中心构成：封建领主和骑士、豁免主教、自治修道院、“自由”城市等。在若干地方，如奥地利的提洛尔（Tyrol），甚至存在只依附于皇帝的“自由农民”。还有自治的工艺行会、像汉萨同盟[㊀]这样的跨国贸易联盟、佛罗伦萨的商业银行家、收费员和税吏、拥有立法权和增税权的地方“议会”、可被雇用的私人军队以及无数的其他权力中心。

欧洲现代史是一部中央政权（起初被称为“国王”，后来被称为“国家”）征服所有竞争性权力中心的历史，日本现代史同样如此。到 19 世纪中叶，单一制国家在除美国之外的所有发达国家都取得了胜利，美国在宗教和教育领域仍保持着极度的多元化。实际上，废除多元主义是近 600 年来的

㊀ 汉萨同盟（Hanseatic Merchants），德国北部城镇和海外的商业团体为保护共同的贸易利益而建立的组织，在 13 ～ 15 世纪主导了北欧的商业活动，在 16 ～ 17 世纪逐步衰落并解体。——译者注

“进步”事业。

但正当国家的胜利似乎已成定局时，最早的新型组织（大型企业）诞生了。当然，当“历史的终结”被宣布时，这种情况总是会发生。从那时起，一个又一个新组织雨后春笋般涌现出来。像大学这种古已有之的组织，在欧洲似乎已被完全置于中央政府的控制之下，也重新享有了自治权。具有讽刺意味的是，20 世纪的极权主义是拯救古老进步信条的最后一次绝望尝试。在这种信条中，只有一个权力中心和一个组织，而不是多个相互竞争的、自治的多元主义组织。

如我们所知，此次尝试以失败告终。但国家的失败，就其本身而言并不能解决多元主义社会产生的问题。以一句很多人都听说过，但更准确地说是讹传的名言为例。

终其一生，查尔斯·威尔逊[一]都是一位杰出的美国人，他先是担任通用汽车公司（当时世界上规模最大、最成功的制造商）总裁和首席执行官，后来成为艾森豪威尔政府的国防部长。但时至今日，威尔逊之所以仍然被人们记得，是由于他**没有**说过的那句话：“对通用汽车公司有利的事，也有利于美国。”实际上，1953 年威尔逊在国防部长职位的确认听证会上说的是：“对美国有利的，就对通用汽车公司有利，反之亦然。”

在余生中，威尔逊试图纠正上述错误引用，但没人听得进去。每个人都认为：“即便他没有说，他也肯定相信那句话——事实上也**应该**相信那句话。”正如前面所言，组织（企业、大学、医院、童子军[二]）的高管必须相信，组织的使命和任务是社会最重要的使命和任务，也是其他一切的基础。如果他们不相信这一点，他们的组织将很快丧失对自身的信念、自信、自豪和绩

㊀ 查尔斯·威尔逊（Charles E. Wilson，1890—1961），1941 ～ 1953 年任通用汽车公司总裁，1953 ～ 1957 年任美国国防部长。——译者注

㊁ 童子军（Boy Scout），国际青少年社会活动团体，于 1908 年由英国人贝登堡创立，旨在向青少年提供生理、心理和精神上的支持，以培养健全公民。——译者注

效能力。

工业革命以来，特别是过去50年来，目的单一的专业化组织的发展为多元化提供了可能。而多元化恰恰成为发达社会的特点，也创造了巨大优势。赋予组织绩效能力的要素恰恰是自治和专业化，以及仅遵循自身独特的使命、愿景、价值观，而不是对社会和社区的任何考虑。

因此，我们再次面临多元主义社会的老问题（实际上这些问题从未得到解决）：谁关注公共利益？谁界定公共利益？谁平衡社会各机构独特的且往往相互竞争的目标与价值？谁权衡利弊，又在什么基础上做出决策？

中世纪封建主义之所以被单一制主权国家取代，正因为无法解决上述问题。但由于单一制主权国家既不能满足社会需求，又不能完成必要的社区任务，所以现在已被一种新多元主义（功能多元主义而非政治权力多元主义）取代。归根结底，这是我们从包罗万象的极权国家信念的失败中学到的根本性教训。我们现在面临的挑战，尤其在美国等发达的自由民主国家，是如何使自治的多元主义知识型组织既提高专业绩效，又加强政治与社会凝聚力。

5

第五部分

作为社会性组织的公司

导 言

在我 1946 年出版的《公司的概念》(研究当时和现在世界上规模最大的制造型企业通用汽车公司）一书中，有两个主要部分的标题分别为“作为人类成就的公司”和“作为社会性组织的公司”。55 年前，这些标题令读者感到惊诧——注定如此，且就其本身而论也应该如此。整本书在通用汽车公司内部引起巨大争议，该公司许多高管甚至认为，这本书即便不是出自彻头彻尾的敌意，也仍然具有极端的批评性。即使该公司内部为这本书的观点辩护之人，也难以接受这两个标题及其蕴含的意义。在通用汽车公司之外，它们几乎受到经济学家、社会学家、政治科学家的一致反对。人人都“知道”，对于企业，**只能**从经济学视角来看待和分析。这种观点至今仍然存在。例如，美国著名经济学家米尔顿·弗里德曼强烈支持该观点。但时至今日，没人再对这两个标题感到意外，更不用说惊诧了。这类说法几乎已成为老生常谈。

因此，本部分从我的作品中摘录的几个章节聚焦于论述作为社区、社会、政治机构的公司。其中，第 12 章“作为社会性组织的公司”摘录自 1946 年出版的著作。第 11 章撰写于 1990 年，并作为我在 1976 年出版的

《看不见的革命》的再版后记（1996年再版时书名改为《养老金革命》）。此章首先指出，养老基金把“员工”转变为了唯一重要的“资本家”，把“雇员”转变为了“所有者”，接着讨论了这对社会和公司造成的影响。第13章“作为政治组织的公司”聚焦于作为权力中心的公司，并涉及多元社会中其他的自治机构。

从逻辑上讲，关于未来企业的讨论应被纳入本部分，然而在我看来，其似乎更适合作为本书的最后一章，即第18章“新社会”，该章内容撰写于2001年。

第 11 章 | CHAPTER 11

公司治理

（摘自 1991 年《哈佛商业评论》）

机构投资者（主要是养老基金）控制着接近 40% 的美国大型企业以及大量中型企业的普通股。规模最大、增长最快的公共部门雇员养老基金不再满足于作为被动的投资者。它们越来越多地要求在所投资的企业中拥有发言权，例如，对董事会成员的任命、高管薪酬以及关键的公司章程条款拥有否决权。

同样重要的是，养老基金还持有美国大型企业中期和长期债务的 40% 左右，然而这一点在很大程度上仍然被忽视了。因此，养老基金既是美国最主要的企业所有者，又是美国最大的企业贷款机构。正如金融教科书多年来强调的那样，贷款者拥有的权力与所有者的一样大，有时甚至更大。

养老基金作为主要所有者和贷款者的崛起，代表着经济史上最惊人的权力转移之一。1950 年，第一只现代养老基金由通用汽车公司设立。40 年后，养老基金控制了 2.5 万亿美元的总资产，平分为普通股和固定收益证券两部分。人口统计数据表明，未来 10 年内，养老基金控制的资产数额将会迅猛增长。除非经济形势陷入长期萧条，否则在整个 20 世纪 90 年代，养老基金每年将必会新投资 1000 亿至 2000 亿美元。

直到最近，美国人才认识到（更别提解决了）这种权力转移很大程度上造成了 20 世纪 80 年代的金融动荡——敌意收购[一]、杠杆买入、广泛的重组热潮。需要特别关注的是两个问题：美国的新所有者（养老基金）应该让企业管理层承担哪些责任？通过何种适当的制度结构来实施问责？

20 世纪 70 年代初，养老基金初次成为美国企业股本的首要所有者。但在此后的 15 年或 20 年中，养老基金掌握所有权的现实被忽视了。在一定程度上，这是由于养老基金本身不想成为"所有者"，仅希望作为被动的"投资者"，而且是短期投资者。养老基金经理声称："我们并非收购一家企业，一旦股票在短期内不再有良好的资本收益前景，我们就会出售手中的股票。"

不过，笼罩在现实上的雾气终将消散。养老基金的受托人（尤其是代表公共部门雇员的受托人）正逐步认识到自身不再仅是股票投资者。顾名思义，投资者可以出售所持资产。或许某家小型养老基金仍可以这么做。这类小型养老基金的数量成千上万，但其持有的资产总量仅占全部养老基金资产的 1/4 左右。哪怕是一家中等规模的养老基金，由于所持股份的数量已经非常庞大，所以并不容易将其出售。或者更准确地讲，通常只有在另一家养老基金愿意购买的情况下，这些资产才能被出售。资产数额太庞大，以至于难以被零售市场消化，因此只能永远作为机构间相互转手的标的。

美国企业的所有权集中度远没有德国、日本、意大利高，并将一直保

[一] 敌意收购（hostile takeover），指收购公司不顾及目标公司董事会和管理层的利益与意愿，不做事先的沟通，也鲜有警示，就直接在市场上展开竞购，诱使目标公司股东出让股份。——译者注

持该状况。因此，相较于德国的大型银行、日本的经连会[一]、意大利的产业集团，美国的养老基金仍有更广阔的发展空间。美国的一些大型养老基金各自仅持有大型企业 1% ～ 2% 的总资本。所有养老基金持有的资本加起来可能占企业总资本的 50% 甚至更高。例如，养老基金掌握了大通曼哈顿银行[二]75% 的股权。1% 资产的持有者若想将其所持资产卖出去，并不容易。50% 资产的持有者（即养老基金整体）若想将其所持资产卖出去，则根本不可能。这几乎与德国的主办银行[三]对客户企业的承诺，或者日本的经连会对会员企业的承诺一样。100 年前，德意志银行的创始人、主办银行系统的发明人乔治・西门子[四]由于把自己的和德意志银行的大量时间耗费在一家陷入困境的客户企业而受到批评，对此他回应道："如果卖不出去，那就关心它。"可以说，当今的大型养老基金正在学习他的做法。

养老基金不可能像 19 世纪的许多所有者那样成为企业的管理者。然而，一家企业（即使是一家小型企业）需要由拥有权威的、持续的、有能力的、强大的、自治的管理层来构建并经营。因此，作为美国企业新所有者的养老基金将越来越不得不确保企业拥有所需的管理层。正如我们在过去 40 年中了解的那样，这意味着管理层必须明确地向某些人负责，并且必须从制度上确立问责制，管理层必须对**绩效**和**成果**而非美好的愿望（无论多么天花乱坠）负责，并且，尽管人人都知道绩效和成果远远超出财务"损益"，但问责制必须包含财务问责。

[一] 经连会（keiretsu），20 世纪 50 年代至 21 世纪初主导日本经济的大型企业集群，通过交叉持股和成员之间的长期交易关系，把银行、制造商、供应商、分销商联系在一起。——译者注

[二] 大通曼哈顿银行（Chase Manhattan Bank），1955 年组建，1969 年在大卫・洛克菲勒领导下成为银行控股公司大通曼哈顿公司的一部分，1996 年被化学银行公司兼并。——译者注

[三] 主办银行（hausbank），德国的银行类型，为企业提供各种信贷服务，往往通过直接持有客户企业的大量股份和代表投资者投票来行使额外的权力。——译者注

[四] 乔治・西门子（Georg Siemens，1839—1901），德国银行家、自由派政治家，1870 年参与创办德意志银行，并担任董事。——译者注

无疑，大多数人会说，我们知道绩效和成果对企业的意义。当然，由于明确定义这些术语是卓有成效的管理、成功且有利可图的所有权的先决条件，所以我们应当这么做。实际上，第二次世界大战以来的40年中已经出现了两种定义，但这两种定义都没有经受住时间的考验。

第一种定义是1950年前后出现的，大约与现代养老基金被发明的时间相同。当时最著名的“职业管理者”、通用电气公司首席执行官拉尔夫·科迪纳[一]声称，这家大型上市企业的最高管理层是“受托人”。科迪纳主张，高管有责任通过“平衡股东、客户、员工、供应商、工厂社区等（即当今所谓‘利益相关者’）的最佳利益”来管理企业。

有的读者立刻就会指出，科迪纳的答案仍需要明确定义“成果”“最佳”“平衡”的意义，还需要构建明确的、独立的、强有力的问责和控制机制，从而使管理层为绩效和成果负责。否则，职业管理者就会变成开明专制君主——无论是柏拉图式哲学王[二]还是首席执行官，只要是开明专制君主就不会实现卓越绩效，也不会长久掌权。

但科迪纳那代人及后继的高管并没有定义什么是带来最佳平衡的绩效和成果，也没有构建任何问责机制。结果，20世纪50年代兴起的这种职业管理者，既没有实现卓越绩效，也没有长期掌权。

对科迪纳式管理者最沉重的打击是20世纪70年代末兴起的敌意收购。面对敌意收购，科迪纳式管理者一个接一个被推翻。幸存者被迫彻底改变管理方式，或者至少改变有关论调。据我所知，现在没有哪个最高管理者继续声称自己是作为“平衡利益相关者最佳利益”的“受托人”在经营企业。

养老基金一直是上述变化背后的推动力量。投票权如果没有集中在少数

[一] 拉尔夫·科迪纳（Ralph Cordiner，1900—1973），1958～1963年担任通用电气公司董事长兼首席执行官。——译者注

[二] 哲学王（philosopher king），出自柏拉图的《理想国》。柏拉图认为哲学家在道德和智力方面是唯一能够进行善治的可信赖之人。——译者注

几家养老基金手中，并且如果养老基金不愿意支持敌意收购，那么多数“袭击者”的攻击永远不能发动。如果袭击者需要获得数百万分散的个人股东的支持，那么他们的时间和资金很快就会被耗尽。

无疑，养老基金经理高度怀疑大量收购和买入的经济价值，以及对交易涉及的企业产生的影响。养老基金经理（尤其是负责运作公共部门雇员养老基金的、中等收入的公务员）也对“绿票讹诈”[㊀]以及“公司袭击者”、律师、投资银行家赚取的巨额财富抱有严重的审美与道德疑虑。然而，他们除了为收购和买入提供资金，并把掌握的股份出售给袭击者之外别无选择。于是，基金经理们纷纷这么做。

基金经理支持这类交易的一个原因是，这类交易让养老基金得以幻想能够继续出售手中的股份，也就是说，他们仍然是“投资者”。收购与杠杆买入也能够带来直接的资本收益。由于养老基金的投资组合总体上表现不佳，因此这种收益是最受欢迎的——尽管（正如我们马上要讨论的）同样更像是幻觉而非现实。

导致收购和买入变得势在必行（或者至少为其创造了机会）的是开明专制管理者的平庸绩效，这类企业的最高管理层没有明确界定绩效和成果，也没有明确对某人问责。也许有人会说，美国大型企业在过去 30 年中的平庸绩效不应归咎于管理层，而应归咎于公共政策失误，这些政策导致美国的储蓄率保持在低位，资本成本保持在高位。打个比方，船长应为自己值班时间内发生的事情负责。无论有什么理由或借口，从竞争力、市场地位以及创新绩效等方面来衡量，大型美国企业在职业管理者值班时间内的绩效都不是非常突出的。至于财务绩效，总体来看甚至尚未取得可接受的最低成果，即股本回报等于资本成本。

㊀ 绿票讹诈（greenmail），指购买足够的股票以挑战目标公司的领导者，并以敌意收购的威胁迫使目标公司购买已被收购的股票，以避免潜在的收购。——译者注

因此，企业袭击者发挥了一种必要的功能。正如一句古老的谚语所说的："如果没有掘墓人，那就需要秃鹫。"但敌意收购与杠杆买入是伤筋动骨的大手术，即使不会有生命危险，也会造成严重冲击。敌意收购与杠杆买入严重干扰并确实疏远了中层管理者和专业人员，而企业恰恰需要依赖他们的积极性、努力与忠诚。对这些人来说，当自己为之服务多年的企业被收购或拆散时，他们感到无异于被背叛了，这相当于否定了他们坚信的一切，使其难以富有成效地、全心全意地工作。结果，被收购或拆散的企业几年后的绩效很少优于原先的绩效。

现如今，几乎所有美国大型企业的首席执行官都声称，他们"为了股东利益"和"实现股东价值最大化"而经营企业。在过去的 40 年中，这是有关绩效和成果的**第二种定义**，听起来比科迪纳式"利益的最佳平衡"更接地气、更加现实。然而，这种定义存在的时间比以往的"职业管理者"更短。对大多数人而言，"股东价值最大化"意味着在 6 个月或 1 年内（时间当然不会太长）股价上涨。对于企业及大股东而言，这种短期资本收益往往是错误的目标。因此，作为一种企业绩效理论的"股东价值最大化"几乎没有持久的效力。

我们不再需要构想大型企业应如何定义绩效和成果，现实中已经有了成功的例子。德国和日本都有高度集中的机构所有权，但两国的所有者都不会参与实际管理。德日两国在第二次世界大战中都几乎被摧毁，但战后 40 年，二者的工业发展态势非常迅猛。从整体经济形势来看，两国的发展成就举世瞩目，并且股东也获得了高额回报。无论你在 1950 年、1960 年、1970 年还是在 1980 年向东京或法兰克福证券交易所的指数基金投资 10 万美元，都会比在同时期向纽约证券交易所的指数基金投资相同金额赚得多。

那么，德日企业的机构所有者如何定义绩效和成果呢？尽管二者的管理方式截然不同，但对绩效和成果的定义却几乎相同。不同于科迪纳，两国的机构所有者不试图“平衡”任何利益，而是致力于最大化。但他们并不试图追求股东价值最大化或者任何企业“利益相关者”的短期利益。相反，他们致力于**企业创造财富的能力最大化**。正是这一目标，把长期成果与短期成果结合起来，并把企业绩效的经营维度（市场地位、创新、生产率、人员及开发）与财务需求、财务成果联系在一起。

所有支持者群体（包括股东、客户、员工）的期望和目标的满足，也立足于该目标。

把绩效和成果定义为“企业创造财富的能力最大化”可能会被批评为模糊不清。无疑，仅仅填写表格不会得到想要的答案。管理层需要做出决策，而决定把稀缺资源投入不确定的未来（即经济决策），总会存在风险和争议。当拉尔夫·科迪纳首次尝试定义绩效和成果（此前没人尝试过）时，“企业创造财富的能力最大化”确实非常模糊。现如今，经过人们长达 40 年的努力，这个定义已经变得清晰可靠。该过程涉及的所有要素都能够得到严格量化，并且实际上已被那些主要的量化者（德日两国各大公司的规划部门）量化。

我们美国人还需要解决如何在制度结构中纳入新定义的管理问责制。我们需要一部政治科学家所谓的“宪法”，来阐明（如德国的公司法那样）管理层的义务与职责，并明确其他群体（尤其是股东）各自的权利。

我认为，最终我们应开发一套正规的业务审计做法，或许类似于独立的专业会计师事务所从事的财务审计。虽然业务审计不需要每年都开展（多数情况下，三年开展一次就足够了），但需要立足于预先设定的标准，并对业务绩效进行系统性评估：始于使命与战略，涵盖营销、创新、生产率、人员开发、公共关系等，一直到利润率。构成这种业务审计的要素是已知的，也是可用的，但它们需要被整合为系统性程序。在所有可能的情况下，业务审计最好由专门从事审计的组织（独立的公司或者从事会计业务的新设独立部门）开展。

因此，除非企业接受外部专业组织的业务审计，否则大型养老基金在未来10年内将不会投资企业的股票或固定收益证券，或许这并非不切实际的期望。当然，管理层会反对该做法。但仅仅60年前，管理层同样拒绝（实际上是再次拒绝）接受外部注册会计师的财务审计，甚至坚决反对公布审计结果。

尽管如此，问题仍然是：谁使用这个工具？在美国的环境下，仅有一个可能的答案，即重新焕发活力的董事会。

在过去的40年中，每位研究上市公司的学者都强调需要有一个卓有成效的董事会。要想经营一家企业，尤其是规模庞大、结构复杂的企业，管理层需要拥有广泛的权力。但缺乏问责的权力要么软弱无力，要么专横残暴，且通常两者兼而有之。无疑，我们知道如何使董事会成为一个有效的公司治理机构。聘请更优秀的人不是关键，普通人也可以加入董事会。董事会要想卓有成效，就需要详细说明其工作，为自身的绩效和贡献确立具体目标，并据此定期评估绩效。

我们早就了解到这一点。但总体来看，美国企业的董事会越来越没有成效，而不是越来越卓有成效。如果董事会代表美好的愿望，那么就会没有成效。如果董事会代表“投资者”，那么也会没有成效。但如果董事会代表对企业做出承诺的强势所有者，那么就能够卓有成效。

在大约60年前的1933年，伯利[一]和米恩斯[二]出版了《现代公司与私有财产》，这本书可谓美国商业史上最具影响力的著作。两人指出，传统的“所有者”（即19世纪的资本家）已经消失了，所有者身份迅速变成对企业没

[一] 伯利（Adolph Berle，1895—1971），美国律师，作家，富兰克林·罗斯福总统的智囊团成员。——译者注

[二] 米恩斯（Gardner Means，1896—1988），美国经济学家，奉行传统的制度经济学。——译者注

有兴趣或承诺，只关心短期收益的一群不知名投资者。因此，他们认为“所有权”已经与“控制权”分离，并成为一种纯粹的法律拟制，管理层不再对任何人、任何事负责。进而，20 年后科迪纳提出的“**职业管理者**”接受了所有权与控制权的分离，并试图将其变为一种优点。

历史的车轮整整转了一圈，但现如今的养老基金经理是与 19 世纪的大亨截然不同的所有者。他们成为所有者并非出于主动，而是别无选择。他们不能出售所持有的股份，也不能成为所有者 – 经理人。尽管如此，他们仍然是所有者，因此不仅拥有权力，也有责任确保美国最重要的大型企业的绩效与成果。

CHAPTER 12 | 第 12 章

作为社会性组织的公司

（摘自 1946 年版《公司的概念》）

大型公司已经成为美国的代表性社会机构，所以其必须践行社会的基本信念——起码要满足社会的最低要求。大型公司必须赋予个人特定的社会地位和功能，必须给予个人机会均等的正义。当然，这并不意味着公司的经济目的（即高效率的生产）应服从其社会功能，也不意味着社会基本信念的实现应服从个别公司的利润或生存利益。公司只有通过巩固自身作为高效率生产商的方式履行社会功能，才能作为当今的代表性社会机构发挥作用，反之亦然。大型公司作为当今的代表性社会机构，除了是一种经济工具，还是一种政治和社会机构；其作为一个社区发挥社会功能，这与其作为一个高效率生产商发挥经济功能同等重要。

个人对社会地位和功能的要求意味着，在现代工业社会中，公民必须通过自身在工厂中的成员资格（即作为一名雇员）获得社会地位和个人满足。这可能意味着一种在地位、收入、功能方面人人平等的工业结构，但并不是要求实行“工业民主”。相反，这基本上是一种等级理念，虽然地位、权力、收入大不相同的职位对于整体的成功同等重要，但组织内不同成员之间存在命令 - 服从关系。感情用事的平等主义者抨击工业社会立足于命令 - 服从而不是形式平等，这是对现代工业社会性质的误解。如同协调不同人的活动以实现社会功能的其他机构，公司也必须采取等级制的形式加以组织。但是，从老板到清洁工，每个人都必须被视为使整个公司获得成功的同等必要因素。

与此同时，大型公司必须提供平等的晋升机会，这只是追求正义的传统要求，也是基督教关于人的尊严观念的结果。与以往社会的不同之处仅在于，现如今我们期望在生活领域和工业领域实现正义。实际上，要求机会均等并不像通常人们认为的那样是要求报酬平等，因为正义理念本身就意味着报酬会根据各不相同的绩效和责任而分为不同级别。

机会均等显然意味着，晋升不能立足于外部因素、遗传因素或其他偶然因素，而应立足于理性的、合理的标准。

晋升标准问题是现代公司必须解决的真正难题。

这些信念和要求本身并无新意，但之前我们从未指望在工业领域实现它们。尽管美国的工业化进程已经持续了一个世纪，但与所有其他西方国家的人一样，直到最近这些年，美国人的心态和意识仍处于前工业时代。

美国人一直在寻找能实现自己的承诺与信念的农场和乡镇，却无视大公司和大城市兴起的现实。直到现在，我们才意识到开展大规模生产的公司已成为社会现实，也是社会的代表性机构，它们必须承载我们的梦想。

我们的基本信念和承诺的存续，即当今社会之意义的存续，都取决于工业社会中大型公司切实实现美国信念的能力。

人们普遍认为，在很大程度上，现代工业社会没有实现机会均等和报酬公平，因此在政治上这是现代公司没有充分发挥社会功能的确凿证据。相较于先前由小公司构成的社会，现代工业社会很可能会给更多人提供更多机会，但其显然尚未以一种对当今社会中的个人来说显得理性和有意义的方式做到这一点。

CHAPTER 13 | 第13章

作为政治组织的公司

（摘自1980年版《动荡时代的管理》）

16世纪的通货膨胀[一]和宗教战争[二]孕育了现代政府。现代政府立足的前提是，整个社会只有一种政治机构（也就是支配性政府），除此之外别无其他正当机构。现代政治学说认为，在政府的内部和外部没有其他任何正当的权力中心。现代政府始于剥夺当时既有机构的政治功能，变贵族为地主，使其成为富裕平民而不再是地方统治者；变教会为行政机构，负责登记人口出生、婚姻、死亡等；变自治城市[三]为行政体系中的各个单元，剥夺原有的自治权。19世纪英国伟大的社会科学家亨利·梅因[四]宣称，历史发展的趋势是

㈠ 15世纪地理大发现以后，西班牙人从美洲殖民地掠夺了大量贵金属，由此产生了严重的通货膨胀，导致欧洲各国出现政治危机，宗教改革运动也由此兴起。——译者注

㈡ 以1562～1598年法国的宗教战争为代表，大约300万人死于战争及由此导致的饥荒和瘟疫，但这在客观上促进了现代民族国家的诞生。——译者注

㈢ 自治城市，兴起于公元11世纪，市民们利用分裂割据、王权与各地封建主矛盾尖锐的时机取得了自治权。14世纪前后，由于王权逐步强大，国王逐渐剥夺了许多城市的自治权。——译者注

㈣ 亨利·梅因（Henry Maine，1822—1888），英国比较法学家、历史学家，他在《古代法》中提出："我们可以说，所有进步社会的运动，到此处为止，是一个'从身份到契约'的运动。"——译者注

“从身份到契约”，除了支配性政府之外的任何组织都不掌握政治或社会权力。当时的社会舆论公认，唯一有组织的单元是家族，家族是在支配性政府的权力创造的力场中的社会分子。

在这方面，保守主义者和自由主义者立场一致。双方的分歧仅仅体现在支配政府内部的制度结构上。

当今的多数教科书仍旧口口声声支持关于“现代政府”的政治理论和社会理论。但 20 世纪的现实已经发生了巨大变化，尤其是第二次世界大战以来的 30 年中，社会的构成单位已经转变为各种机构。150 年前，每一项社会任务要么由家族执行，经家族才能完成，要么完全无从落实。例如，照顾病患，赡养老人，抚养后代，分配收入，寻求工作等。只要存在这类事务，就只能由家族来开展，然而家族做得非常差。

因此，向机构绩效的转变意味着绩效水平的巨大提高，但也意味着多元社会的来临。如今，每一项社会任务都由各机构执行，经各机构才能完成。这些都是永久性机构，依靠正式结构中的管理者指明方向，发挥领导力。在美国，公司往往被视为这类机构的典型代表，但它们只是因出现得最早才引人注目。

在欧洲大陆国家，公务员制度或大学起码同样引人注目。所以，“管理学”，也就是对现代正式组织的研究，在美国聚焦于公司，在欧洲大陆国家则聚焦于公共行政机构以及马克斯·韦伯[一]所谓的“官僚制”。实际上，社会的机构化是一种世界趋势，在每一个发达国家都已完成。

现代社会中每家机构的创建，都是为了履行某个特定目的。公司为了生

[一] 马克斯·韦伯（Max Weber，1864—1920），德国百科全书式学者，其最重要的研究主题是探讨西方社会最早进入现代社会的渊源，提出著名的官僚制理论、新教伦理与资本主义兴起之间的关系理论等。——译者注

产产品和服务，是一种经济机构；医院为了照顾病患；大学为了培养受过高等教育的未来领导者和专业人员；等等。这些机构中的每一家都旨在提供某项高质量的服务，同时也被期望专注于该服务。它们也需要处理“公共关系”，换言之，它们需要把其他社会问题作为约束条件。现代机构通过根据自身得以存在的目的做出贡献来开展工作，并且根据在特定领域的贡献和绩效来证成自我。

随着机构社会的来临，一切都发生了改变。支配性政府的规模越来越大，对社会问题却越来越束手无策。

目的单一的机构已经逐渐成为社会目标、社会价值和社会成效的载体。因此，这些机构逐步政治化，不再仅仅根据贡献证成自我，所有机构都必须根据对整个社会的影响来证成自我，都有必须满足的外部“支持者”。以前，“支持者”仅仅是约束条件，只有在被忽视时才会成为“问题”。尽管大学仍然希望根据自身的价值来界定自我，但现如今在所有发达国家，对高等教育提出的要求显然不是立足于教学或学术，而是立足于不同的社会需求和社会价值。舆论要求大学的学生构成应反映“社会”形势，并且实际上该“社会”被认为是未来令人向往的社会，而不是当今社会。这些要求是美国或德国大学在招生、师资、课程等方面受到越来越多的干预的原因。传统上，医院将自身的使命界定为治疗已经造成的健康损伤，如今发达国家的医院越来越被视为与以往不同的医疗保健机构。例如，在创造一种“黑人文化”或一种独特的“医疗氛围”方面，美国城市中心区的医院门诊部成为帮助人们预防疾病的社会行动者之一。

公司也不例外。

在多元社会中，所有机构都是必要的政治机构，也是拥有多个支持者群体的机构，都必须以一种支持者（社会上能够否决或阻碍其行动的群体）不会拒绝或反对的方式行事。在多元社会中，所有机构的管理者都必须学会从政治角度考虑问题。

在目的单一的机构中，决策的基本规则是“最优化”：一方面在努力和风险之间找到最优比例，另一方面在成果和机会之间取得最佳平衡。经济学理论中著名的抽象概念——“最大化”，在任何机构中都没有意义，也不适用于任何机构。在一家公司中，没人真正知道如何实现利润最大化，甚至没人知道如何尝试。在拥有一个清晰目标的机构中，“最优化”是合适的规则。

然而，在政治过程中，人们不会试图实现最优化，而会追求“满意”（严谨的决策理论术语）；试图找到能产生最低可接受成果的方案，而不是产生最优成果的方案，更不是产生最大成果的方案。这确实是人们在政治领域遵循的规则。

在政治体系中，因为存在太多支持者，所以难以实现最优化，必须试着确定需要最优化的领域，但对于所有其他领域（政治体系中往往存在大量的这类领域），只需要实现满意即可，也就是努力找到能够让足够多的支持者默许的解决方案。确切地说，人们试图找到一个不会引起反对的解决方案，而不是一个能够获得大力支持的解决方案。当政客谈论“可接受的妥协”时，其实际意思就是“满意”。政治被称作“可能的艺术”而不是“称心如意的艺术”并非没有道理。

随着多元组织社会中所有机构的政治化，管理者将不得不首先学会考虑支持者群体的需求和期望。只要公司在市场体系中运营，消费者的期望就必须被最优化。多数公司把股东视为必须获得满意的支持者群体。公司负责人会思考：“我们用以支付资本成本、吸引所需资本资源的最低回报率是多少？”教科书上常常出现的“资本最优回报率是多少”这个问题很少得到认真对待。因此，公司负责人倾向于根据下列假设行事：如果能够在市场上获得最优成果，资本市场就会满意。但管理层必须学会把同样的思考扩展到更多的支持者群体（例如雇员），即使因为职业市场与资本市场同样都是真正的市场，也应该这么做。必须让职业市场满意。此外，如果一家公司要坚持自身的经济使命，取得经济绩效，就必须默许存在日益增多的大批政治性支持者。

可以理解的是，有些公司的管理者会对这种发展趋势感到不满，认为这是一种反常现象。如果目的单一的机构（公司、医院、大学等）能够埋头从事自身的本职工作，断然拒绝满足社会需求（视之为不正当要求，是对其能力、使命和职能的干扰），这样做当然会容易得多，并且最终确实可能提高社会的生产率。至少，我们需要明确指出，不应指望任何机构从事超出其能力范围之事。恰恰由于各个机构只有单一目的，所以它们很少能够在狭窄的范围之外表现优异。

机构必须深入思考自身的能力所在。当管理者意识到机构缺乏相关能力时，必须勇于说“不”。没什么比缺乏能力支持的美好愿望更加不负责任了。

与此同时，“我们将坚持从事那些熟悉的事务，抵制任何使我们把注意力转移到其他事务上的要求”，这种做法也已经不敷所需。这可能是最聪明的态度，但不再流行。现如今的后工业社会是一个多元社会，不得不要求各机构承担超出自身特殊使命的责任。

因此，管理者必须明确机构能做什么和不能做什么。规则虽简单，应用却很难。任何机构都不应该接手没有能力完成之事，否则就是不负责任。任何机构都不得从事可能损害自身主要职能（即社会赋予其资源并要求完成之事）的绩效之事，否则就是不负责任。但公司、医院、大学等所有机构的管理者，都必须深入思考相关决策的影响，必须始终对这些影响负责。继而，管理者需要深入思考那些能够有效否决或阻碍管理者决策的支持者群体有哪些，其最低期望和需求可能是什么。

当涉及机构主要任务（如公司负责提供经济产品和服务，医院负责医疗保健，大学负责学术研究并提高教育水平）的绩效时，相应的规则是最优化。管理者在这方面的决策必须立足于什么是正确的，而不是什么是可接受的。但在处理寥寥几项主要任务之外的支持者问题时，管理者必须从政治角度思考问题，至少需要安抚支持者群体，使其保持平静，如若不然，支持者群体可能会动用手中的否决权。管理者不能成为政客，不能自我设限于仅做出“令人满意的”决策，但管理者也不能只关注其所在机构主要任务领域的最优化。在持续的决策过程中，管理者必须在这两方面之间保持平衡。公司是经济机构，但也是政治机构。

6

第六部分

知识社会

A FUNCTIONING SOCIETY

导 言

在 1949 年出版的《新社会》中，我开始讨论下列话题：知识成为关键资源，成为财富和就业的创造因素。但直到多年之后，在 1957 年出版的《已经发生的未来》中，我才开始使用知识经济、知识社会、知识工作者等术语。大约在同一时期，普林斯顿大学经济学家弗里茨·马克卢普[㊀]开始撰写关于“知识产业”的作品。后来，在 1969 年出版的《不连续的时代》中，我试图探究：基于体力劳动和体力技能的社会、经济、政体转型为基于知识和知识工作者的社会、经济、政体具有什么意义。

迄今为止，人们尚未认清这种转型的剧烈程度。从远古时代起，绝大多数人都靠体力劳动为生，直到 1913 年，即使在发达国家也是如此。19 世纪至 20 世纪初，工人流入工厂被视为史无前例的社会革命，被视为人类处境的一次深刻变革。正如我们现在已知的，这场变革实际上是让工人附属于工具（即不能移动的新蒸汽机），而不是工具附属于工人。但工作本身几乎没有变化，仍然是体力劳动，并且很大程度上需要同样的工具和同样

㊀ 弗里茨·马克卢普（Fritz Machlup，1902—1983），奥地利裔美籍经济学家，1971 ～ 1974 年任国际经济学会主席，是最早把知识视为经济资源的经济学家之一，因推广信息社会概念而闻名。——译者注

的技能。直到1920年后，随着“大规模生产”的到来，工作和工具才出现重大变化。

相比之下，向知识工作和知识工作者转型是一次真正的中断，也是一次真正的突破。此次转型创造了新的社会条件和新的人类处境。

我们刚刚开始探索这场转型，更谈不上适应。例如，各国的政治体系仍立足于以体力劳动为主的假设之上，实际上是建立在以农村劳动力为主的假设之上——最极端的是日本和法国，美国的情况也差不多。然而，现如今没有一个发达国家的农村人口超过其总人口的5%，而所有发达国家的知识工作者在其总人口中的比例已经超过20%。尽管如此，关于知识经济、知识社会、知识工作者的论述已经有很多了（许多是我写的），所以第六部分的讨论似乎没有必要过于详尽。

本部分“知识社会”仅限于阐述若干基本原则。

第14章“新世界观”撰写于50年前，首次发表于1957年出版的《已经发生的未来》，讨论了知识**含义**的基本变化及裂变为各门学科，使得作为关键资源、作为财富和就业创造因素的知识得以出现。这种变化不仅是知识的积累，更是世界观的改变。

第15章“从资本主义到知识社会”，摘自1993年版《知识社会》，尝试预测知识社会的政治与社会理论。第16章“知识工作者的生产率”，摘自1999年版《21世纪的管理挑战》；第17章“从信息到沟通”，首次发表于1969年日本东京国际管理学会会议。第16章和第17章讨论了尚未解决的新挑战：在迄今知识仍没有成效的领域使知识工作富有成效；把信息转化为沟通，从而提高社会凝聚力并营造社区。

第14章 | CHAPTER 14

新世界观

（摘自1957年版《已经发生的未来》）

几年前，两兄弟（聪明伶俐，受过良好教育，20来岁的研究生）去看了一场话剧——《向上帝挑战》[一]。这是对1925年臭名昭著的斯科普斯"猴子"审判的戏剧化演绎，在那场审判中，田纳西州乡村的教师斯科普斯因讲授达尔文进化论而被定罪，19世纪科学与宗教之间的冲突达到完全荒谬的高潮。两兄弟回家后说，他们对表演印象深刻，但对情节感到困惑。他们想知道，所有人那么激动是为了什么？他们的父亲在相同年纪的时候，被审判深深地触动，最终放弃牧师工作去当了一名律师。但当他试图向儿子们解释其意义和激动之情时，他们都惊呼："你在胡编乱造。哪有的事，这一点意义都没有。"

需要指出的是，其中一个儿子是遗传学研究生，另一个是长老会信徒和严格的加尔文主义神学院学生。然而，无法向他们中的任何一个人

[一] 《向上帝挑战》(*Inherit the Wind*)，1955年首次上演的美国话剧，旨在批评当时的麦卡锡主义，捍卫知识自由。——译者注

解释“科学与宗教之间的冲突”。

过去显而易见的事情正以惊人的速度变得难以理解，这几乎令人恐惧。第一代现代学者（如牛顿、霍布斯[一]、洛克）既明智又受过良好的教育，也许仍然能够理解这些事情并使自己能被整个知识界理解。直到第二次世界大战，这在很大程度上仍然是事实。那时仍存在“有教养的人”，但有教养的人不太可能在20年后还能与当今世界交流。毕竟，我们自己已经在最近的选举中发现，20世纪30年代前后的议题、口号、关切、联盟如果不是真的令人费解的话，也已经迅速变得无关紧要。

但对我们第一代后现代人来说，最重要的是**根本世界观**的变化。

我们仍然在宣扬和传授过去300年的世界观，但我们再也不能理解这种世界观了。我们的新视角尚未命名，因为缺乏工具、方法与词语。但世界观首先是一种经验。世界观是艺术感知、哲学分析和技术词汇的基础。在过去的15年或20年中，我们突然获得了这种新基础。

现代西方世界观可以被称为笛卡尔[二]世界观。在以往的300年中，很少有专业哲学家追随17世纪初的法国人笛卡尔去回答系统哲学的重大问题。然而，现代世界观来自笛卡尔的远见。超越了伽利略、加尔文、霍布斯、洛克、卢梭，甚至远远超过牛顿，笛卡尔确定了300年来出现的重要问题以及相关问题，现代人的视野范围、对自身和宇宙的基本假设，尤其是下述观念：什么是理性的，什么是合理的。

具体而言，笛卡尔做出了两大贡献。

首先，笛卡尔为现代世界提出了关于宇宙本质及秩序的基本定律。最著

[一] 霍布斯（Thomas Hobbes，1588—1679），英国启蒙思想家，阐述了一种社会契约理论。——译者注

[二] 笛卡尔（René Descartes，1596—1650），法国理性主义哲学家、数学家。——译者注

名的表述来自法兰西学术院[1]，它在笛卡尔去世后约一代人时把科学定义为“通过确定原因而找到的有关某事物的确切而明显的知识”。这句话说得有点拗口，大意是说“整体是各部分的结果”，这是普通人（既非科学家又非哲学家）过度简化的理解。

其次，笛卡尔提供了行之有效的方法，使上述定律得以用来梳理知识和探究知识。无论笛卡尔的解析几何对数学有什么意义，它都建立了一套有关概念之间关系的普遍、定量的逻辑体系，并且能够作为通用符号和通用语言。200 年后，开尔文勋爵[2]重新定义了笛卡尔世界观：“我能测量的事物，我就能知晓。”

早在笛卡尔之前的 2000 年中，“整体等于部分之和”已经是一条算术定律了（尽管在今天不再是所有算术的定律了）。但笛卡尔的说法也暗示了整体取决于各部分，因此，我们只能通过识别和认识各部分来了解整体。这意味着整体的行动是由各部分的运动导致的，尤其意味着缺少了各部分的总和、结构、相互关系就没有所谓的“整体”。

这些说法在今天听起来可能不言而喻。300 年来，它们已成为理所当然的观点——尽管它们在刚被提出时无疑是最激进的创新。

尽管我们多数人对这些论断仍有习以为常的条件反射，但今天很少有科学家仍然接受法兰西学术院的定义，至少科学家们在自己的领域中不再接受法兰西学术院所谓的“科学”。现如今，每一门学科、科学、艺术都立足于同笛卡尔的定律及由此发展起来的现代西方世界观不相容的理念。

当前，每门学科都已经从因果转变为结构。

---

[1] 法兰西学术院（Académie Française），1635 年由黎塞留建立，是一个杰出的法语语言事务委员会，共有 40 名成员。——译者注

[2] 开尔文勋爵（Lord Kelvin，1824—1907），英国物理学家，原名威廉·汤姆森，与克劳修斯并列为热力学第二定律的主要奠基人。——译者注

当前每门学科都以一个整体的概念为中心，这个整体既不是各部分的结果，又不是各部分之和，更不能通过识别、了解、测量、预测、移动、理解各部分而变得可识别、可了解、可测量、可预测、有成效、有意义。当前，每门现代学科、科学、艺术的核心概念都是模式的或结构的概念。

生物学或许比其他任何学科都更生动地体现了这一点。近50年来，生物学的巨大发展是运用严格的笛卡尔方法（经典力学、分析化学或数理统计）研究活体而产生的成果。但生物学家越“科学”，就越倾向于使用“免疫”“新陈代谢”“生态”“综合征”“体内平衡”“模式”之类的术语，每个术语描述的与其说是物质特性或数量本身，不如说是和谐的秩序，因此它们本质上都是美学术语。

当今心理学家谈论的是“格式塔”㊀及“自我”“人格”“行为”等，1910年之前的严肃心理学著作中没有这些术语。当今社会科学家谈论的是“文化”“整合”“非正式群体”，我们都在谈论“形态”，这些都是一种整体的、模式的或结构的概念，只能作为整体才能被理解。

从各部分开始绝不可能形成这些结构，如同耳朵通过听单个音节绝不会听出旋律。的确，只有从整体的角度来沉思和理解，任何模式或结构中的各部分才能存在或被识别。正如我们在一个曲调中会听到相同的音节而不是C# 调或 A_b 调，这取决于我们演奏的声调，因此，任何结构中的各部分（人格中的“欲望”，新陈代谢中复杂的化学、电子、机械作用，文化中的特定仪式和习俗，抽象画中的特殊颜色与形状），只能从其在整体和结构中所处的位置来理解、解释甚至识别。

与此类似，我们有一个作为经济活动中心的“格式塔”模式，即企业。“自动化”是一个特别令人反感的词，用来描述作为一个结构和真正实体的

㊀ 格式塔，是德文 gestalt 的音译，意思是“模式、形状、形式”。格式塔心理学是20世纪初德国兴起的一个重要心理学流派。——译者注

物理生产过程的新观点。同样，“管理”也是一个结构的概念。在政府中，现如今我们谈论的是“行政”或“政治过程”；如同神学家谈论“存在”，经济学家谈论的是“国民收入”“生产率”“经济增长”。甚至从起源和基本概念角度来看，在所有学科中笛卡尔色彩最浓的物理学和工程学，现如今谈论的是“系统”和“量子”，而量子是笛卡尔色彩最淡的术语，在量子测量中，质量和能量、时间和距离、速度和方向都被纳入某个不可分割的单一过程。

最显著的变化或许表现在我们研究语言（人类最基本、最熟悉的符号与工具）的方法上。尽管教师和家长迫切恳求，但我们依然越来越少地谈论“语法”（对语言**各部分**的研究），越来越多地谈论“沟通”。整体的语言才能实现沟通，不仅包含言外之意，而且包括说或听某些话时的氛围。在沟通过程中，存在的只有这个整体。个人不仅必须知道整体信息，还必须能够将其与行为模式、人格、情境甚至沟通所处的文化背景联系起来。

上述术语和概念都是全新的。50 年前，这些术语都没有科学意义，更不用说在学者和科学家使用的词汇表中有什么地位了。所有这些术语都是定性的，数量绝非它们的特征。一种文化并非由其所涵盖的人数或任何其他数量来界定，企业也不能由规模来界定。当发生质变时（用古希腊谚语来说，即当砂粒变为砂桩时），这些结构中的量变才有意义。这并非一个连续事件，而是一个不连续事件，突然越过定性阈值，在此过程中，音节变为悦耳的旋律，单词和动作变为行为，程序变为管理哲学，一种元素的原子变为另一种元素的原子。最后，这些结构都不能定量测量，也不能通过传统的定量关系符号来表示和表达（除非以最扭曲的形式）。

让我强调一遍，所有这些新概念都不符合定律“整体是各部分的结果”。相反，它们都符合一条绝非定律的新主张：**各部分存在于整体的结构中**。

而且，这些新概念与整体的结构没有任何**因果关系**。贯穿笛卡尔世界观的轴心（即因果关系）已经消失了。然而正如人们常说的那样，因果关系并未被随机和偶然关系所取代。爱因斯坦说他确信上帝不会掷骰子，这是非常正确的。爱因斯坦批评的只是物理学家（包括他自己）不能设想除了因果关系之外的任何秩序概念，也就是说，爱因斯坦批评他们不能摘掉自身的笛卡尔式眼罩。统一的秩序概念奠定了新概念（包括现代物理学的新概念）的基础。**不过这并非因果论，而是目的论。**

这些新概念中的每一个都表达了目的明确的一致性。甚至可以说，所有这些后现代概念的一般原则是，各元素（因为我们不再真正谈论“各部分”）的排列旨在服务于整体目的。例如，这就是奠定生物学家尝试研究并理解器官及功能基础的假设。正如杰出的生物学家埃德蒙·西诺特[1]在《精神的生物学》中所言：“生命是使物质变得组织有序。”现如今我们所谓的“秩序”，正是这种考虑整体目的的排列。因此，我们的宇宙再次成为一个由目的统治的宇宙——如同300年前被笛卡尔世界观颠覆并取代的那个宇宙。

但我们的目的论与中世纪和文艺复兴时期的目的论截然不同。那时的目的论如果不是完全外在于人类自身所能成为的、所能做的、所能见的，也是外在于物质、社会、心理、哲学领域的。与此形成鲜明对比的是，我们的目的论内在于结构本身，不是形而上的，而是形而下的；不是宇宙**的**目的，而是宇宙**中的**目的。

不久前，我读到一位著名物理学家写的一篇文章，他在文中谈到了“亚原子粒子的特性”。这当然是笔误，但暴露了事实。仅仅在半个世纪以前，任何一名物理学家，不管他多么漫不经心，都不可能写出物质“属性”之外的任何东西。因为原子粒子若要有“特性”，前提是原子（如果不是物质和

[1] 埃德蒙·西诺特（Edmund W. Sinnott，1888—1968），美国植物学家，以植物形态学领域的研究闻名，倡导有机体论，批判还原论，认为生命是有目的的。——译者注

能量的结合）必须有一种“角色”，这就预先假设了物质内部必须有一个目的明确的秩序。

此外，新世界观呈现为**过程**[一]。上述每个新概念都体现了成长、发展、韵律或形成的观念。这些都是**不可逆的**过程，然而笛卡尔式宇宙中所有事件都是可逆的，如同方程两边的符号。然而，除了在童话故事中，长大的人永远不会返老还童，铅元素永远不会变回铀元素，企业永远不会变回家庭作坊。由于过程已经改变了事物的特性，所以上述变化都不可逆。换句话说，这是自生的变化。

仅仅在 75 年前，前笛卡尔思想的最后残余，即生物自然发生论[二]，最终被巴斯德[三]的研究取代。现如今，在可敬的生物学家的研究中，这种观点回归了，他们在阳光和宇宙粒子对氨基酸的作用中寻找生命起源的线索。现如今，许多受人尊敬的数学物理学家严肃讨论了一些会令持笛卡尔世界观的人更加震惊的事情：以新宇宙和新星系的形式不断自发产生物质的理论。此外，著名的生物化学家，澳大利亚病毒研究先驱麦克法兰 · 伯内特[四]爵士在 1957 年 2 月的《科学美国人》[五]上把病毒定义为“几乎可被称为一连串的生物模式，而不是普通意义上的单个微生物”。

这种对过程的强调很可能是对过去 300 年来一直统治我们的现代西方世

[一] 此处及后文的“过程”（process）并非指这个词的常见意义，而是指过程哲学意义上的“过程”。——译者注

[二] 自然发生论（spontaneous generation），一种古老的理论，认为生物由无生命物质发展而来，人们以此解释生命的起源。——译者注

[三] 巴斯德（Pasteur，1822—1895），法国微生物学家，以发现疫苗、巴氏杀菌原理而闻名。——译者注

[四] 麦克法兰 · 伯内特（Macfarlane Burnet，1899—1985），澳大利亚病毒学家，以免疫学方面的工作闻名，1960 年获得诺贝尔奖。——译者注

[五]《科学美国人》（*Scientific American*），美国科普杂志，1845 年由波特创刊，主题包括幽默事件、值得商榷的理论、科学和技术的进步等。——译者注

界观的最大背离。因为笛卡尔式世界不仅是一个所有事件都被限定的机械世界，而且是一个静态世界。在经典力学的严格意义上，惯性是假定的基本状态。在这一点上，笛卡尔主义者（在其他方面是大胆的创新者）是最严格的传统主义者。

在**我们的**过程观中，我们假设（并且越来越意识到这种假设的存在）：成长、变化、发展才是正常而真实的，并且没有成长、变化、发展就意味着不完美、衰退、腐烂、死亡。因此，我们正在突破的不仅是现代西方“显而易见”的世界观常识，而且是更古老、更根本的西方传统。

第 15 章 | CHAPTER 15

从资本主义到知识社会

（摘自 1993 年版《知识社会》）

在西方历史中，每隔几百年就会发生一次剧变。我们跨越了所谓的“鸿沟”。在短短数十年中，社会进行了自我重构，包括世界观、基本价值、社会与政治结构、艺术、关键组织机构。50 年后，会诞生一个新世界，那时出生的人甚至无法想象祖父母生活的世界和父母出生时的世界。

当前我们正经历着此类剧变，正在创造知识社会。

我们已经进入了知识社会，这足以让我们能够审视和修正资本主义时代的社会史、经济史和政治史。在预测知识社会的具体形态方面，我们仍面临变数。但我相信，我们在一定程度上可以确定会出现哪些新问题，会面临哪些重大议题。在许多领域，我们也能够描述行不通的是什么。大多数问题的“答案”在很大程度上仍然隐而未现。我们唯一可以确定的是，当前重构的价值、信仰、社会和经济结构、政治理念和体系、世界观，将与当前任何人想象的任何事物都截然不同。在某些领域（尤其是在社会及其结构领域），基本转型已经发生。

可以确定的是，新社会的首要资源将是知识。这也意味着新社会将不得不成为组织社会。

为了更好地理解当前的转型，我们必须回顾前一次重大转型。

在 1750 ～ 1900 年的 150 年中，资本主义和技术征服了世界，创造了一种世界文明。实际上，资本主义和技术创新都不是新现象。古往今来，二者在东西方国家都是常见的、反复出现的现象。新颖之处在于二者的传播速度，以及跨越文化、阶层、地域的藩篱实现了全球性覆盖。正是这种速度和范围把资本主义转变为“资本主义制度”，把技术进步转变为“工业革命”。

这场转型的驱动因素是知识的意义发生了根本性变化。在东方和西方，知识向来都被认为该用于探讨“**是什么**”。后来，几乎在一夜之间，知识开始用于“**做什么**”。

知识变成了一种资源和效用。先前知识一直是一种私人财产，几乎突然之间，知识成了一种公共财产。

在第一个阶段的 100 年中，知识用于工具、流程和产品，从而引发了工业革命，但也造成了卡尔·马克思所说的“异化”、新阶级、阶级斗争。

第二个阶段从 1880 年左右开始，到第二次世界大战结束时达到顶峰，其间被赋予了新含义的知识用于工作，从而引发了**生产率革命**，在 75 年的时间内，无产阶级变成了收入接近上层阶级的中产阶级。生产率革命就这样成了社会发展的潮流。

第三个阶段从第二次世界大战结束后开始，在此期间，知识用于**知识**本身，从而引发了**管理革命**。现如今，知识正迅速成为唯一的生产要素，资本和劳动力都被边缘化了。现在就把当今社会称为成熟的“知识社会”为时尚早，当然也有点冒昧；迄今为止，仅仅出现了知识经济。

不同于 19 世纪思想家黑格尔等“拙劣的简化论者”，我们现在知道重大历史事件很少仅有一个原因或一种解释，而往往是大量彼此独立的发展相互影响共同造成的结果。

例如，大量彼此独立的发展（多数可能互不相关）共同导致资本主义转变为资本主义制度，技术进步转变为工业革命。最著名的理论，即资本主义制度是“新教伦理”的产物，是由德国社会学家马克斯·韦伯（1864—1920）于 20 世纪初提出的。现在由于该理论没有足够证据，所以已经基本上被证伪。

然而，有一个关键因素，缺少了该因素，众所周知的现象（资本主义和技术进步）就不可能转变为一场社会性和全球性潮流。这个因素就是 1700 年前后**知识的意义**在欧洲发生了根本性变化。

从公元前 400 年的柏拉图，到当今的路德维希·维特根斯坦[一]和卡尔·波普尔[二]，有多少名形而上学家，就有多少种关于我们可以知道什么以及如何知道的理论。但自从柏拉图时代以来，关于知识的意义和功能，西方仅诞生了两种理论；同一时期以来，东方也仅诞生了两种理论。柏拉图的发言人（睿智的苏格拉底[三]）认为，知识的唯一功能是促使人认识自我：促进人的智力、道德、精神的成长。他最有力的对手，聪明博学的普罗塔哥拉[四]认为，知识的目的是让掌握知识之人知道该说什么以及如何说，从而使自己变得卓有成效。对普罗塔哥拉来说，知识意味着逻辑、语法与修辞——后来成为“三学科”，即中世纪学习的核心，大致相当于我们所说的“博雅教育”或德国人所说的“通识教育”。在东方出现了两种几乎和西方的知识理论相

㊀ 路德维希·维特根斯坦（Ludwig Wittgenstein，1889—1951），奥地利裔英籍哲学家，主要研究语言哲学、心灵哲学和数学哲学等。——译者注

㊁ 卡尔·波普尔（Karl Popper，1902—1994），奥地利裔英籍哲学家，主张反决定论的形而上学，支持经验证伪。——译者注

㊂ 历史上真实的苏格拉底是柏拉图的老师，此处的苏格拉底是柏拉图在《理想国》等作品中虚构的人物，其言行表达了柏拉图自己的理念。——译者注

㊃ 普罗塔哥拉（Protagoras，前 481—约前 411），古希腊哲学家，被柏拉图归入诡辩学派，对众神持不可知论态度，声称“人是所有事物的衡量标准”。——译者注

同的理论。儒家认为知识意味着知道该说什么和如何说，这是通往进步和世俗成功的道路。道家和禅宗则主张，知识意味着认识自我，这是通往教化和智慧的道路。尽管双方在知识的实际意义方面存在尖锐分歧，但关于知识不意味着什么的观点完全一致。知识不意味着有能力去做，不意味着效用。效用不是知识，而是技能，即希腊语中的“技艺”(techne)。

中国的儒家对除书本以外的任何知识都极其轻视。不同于远东同时期的思想家，苏格拉底和普罗塔哥拉都尊重“技艺”。

但即使对苏格拉底和普罗塔哥拉来说，技艺无论多么值得赞扬都不是知识，而仅仅是一种具体应用，并非任何普遍原则。船长掌握的从希腊到西西里的航海知识不能应用于任何其他行当。而且，学习一门技艺的唯一途径是学徒和经验。技艺无法用语言（口头语言和书面语言）来解释，而只能被证实。迟至 1700 年，甚至更晚，英国人从不谈论“技艺”（craft）这个词，而是谈论“秘诀”——不仅因为掌握一门技艺的人发誓要保密，而且因为顾名思义，从未做过学徒、从未接受手把手传授的人不可能接触一门技艺。

但到 1700 年以后，在令人难以置信的 50 年内，“技术”（technology）被发明出来了。这个词结合了“技艺”（techne，秘不外传的手艺技能）与“学科”(logy，组织有序的、系统性的、目的明确的知识)，其构成本身就说明了一切。

记录从技艺向技术显著变化的伟大文献（历史上最重要的著作之一）是狄德罗[㊀]和达朗贝尔[㊁]于 1751 ～ 1772 年编纂的《百科全书》。这部著名作品试图把所有技艺知识有组织、系统地汇集到一起，以此使非学徒也能够成为一名“技术专业人员”。《百科全书》中描述各项技艺的条目，如纺纱或织布，并非由工匠撰写。出现这种情况并非偶然，实际上，这些条目由“信息

㊀ 狄德罗（Diderot，1713—1784），法国启蒙思想家，百科全书派代表人物，主编第一部法国《百科全书》(*Encyclopédie*)。——译者注

㊁ 达朗贝尔（Jean d’ Alembert，1717—1783），法国数学家、哲学家、作家。——译者注

专业人员”撰写，这些人受过分析、数学、逻辑训练，卢梭和伏尔泰都是撰写者。《百科全书》的根本论点是：物质领域（工具、流程、产品等）的有效成果是通过系统分析，并系统地、有目的地运用知识而产生的。

但《百科全书》还声称，一项技艺创造成果时遵循的原则也能够在其他领域产生成果。对于传统的知识人和工匠而言，这是令人厌恶的。18、19世纪最初的技术学校都没有以创造**新**知识为目标，《百科全书》同样没有。甚至没人谈论**科学**在工具、流程、产品，也就是在技术中的应用。这种想法的真正出现是在又过了 100 年的 1830 年左右，当时德国化学家李比希[㊀]初次运用科学发明了人造肥料，后来发明了一种保存动物蛋白的物质：肉类提取物。[㊁]然而，早期的技术学校和《百科全书》的所作所为或许更加重要。人们聚集在一起，编纂并出版了已有几千年历史的“技艺”和“秘诀”。他们把经验转化为知识，把学徒制转化为教材，把秘诀转化为方法，把实践转化为应用知识。这些都是我们所谓的“工业革命”（世界范围内社会和文明的转型）的本质。

正是知识的意义的上述变化使得现代资本主义势在必行，并逐步占据主导地位。最重要的是，技术迅速变革创造了对资本的需求，这远远超出了工匠能够承受的范围。新技术要求生产集中化，也就是把生产转移到工厂中。知识无法用于数以万计的小作坊和乡村家庭手工业。

新技术要求把生产集中到一个屋檐下。

新技术还要求具备大规模能源（无论是水力还是蒸汽动力），能源不能分散化。尽管这些能源需求非常重要，但位于次要地位。最重要的是，几乎在一夜之间，生产从以技艺为基础转变为以技术为基础。结果，资本家迅速

㊀ 李比希（Liebig, 1803—1873），德国化学家，创立有机化学，被誉为“化肥工业之父”。——译者注

㊁ 1865 年，李比希发明的“肉类提取物”（meat extract）开始上市销售。——译者注

占据了经济和社会舞台的中心位置，此前他们向来是“配角”。

迟至1750年，大型事业仍属公营而非私营。旧世界中最早也是多个世纪以来最伟大的制造型企业，是威尼斯政府拥有并经营的著名兵工厂[一]。在18世纪，梅森[二]和塞夫勒[三]的瓷器作坊等“制造厂”仍为政府所有。但到1830年，大型私营资本主义企业已在西方国家占据主导地位。又过了50年，私营资本主义企业已经渗透到除阿拉伯半岛等偏远地带以外的世界各地。

社会以前所未有的速度转型，导致了新秩序下的社会紧张与冲突局面。我们现在知道，几乎所有人都相信，19世纪初的工厂工人比前工业化时期的农村佃农的境遇更糟糕，受到更苛刻的对待。毫无疑问，当时的工人极端贫困，受到苛刻对待。但他们成群结队进入工厂，正因为在那里比在停滞的、专制的、挨饿的农村底层社会生活得好。也就是说，他们依然可算是有了更高的“生活质量”。在著名诗作《弥尔顿》中，威廉·布莱克[四]希望从新的“撒旦磨坊”中解放出来的“英格兰绿色宜人土地”，实际上是一个巨大的农村贫民窟。

但是，尽管工业化从一开始就意味着物质生活水平的改善，而不是著名的“贫困化”，但转型的速度如此惊人以至于给人们留下了深刻创伤。

250年前，当知识的意义发生改变时，它开始用于工具、流程和产品。这仍然是“技术”对多数人的意义，也是工程学校正在讲授的内容。到1881年，生产率革命已经拉开帷幕。美国人泰勒首次把知识用于**工作**研究、

㊀ 此处是指威尼斯兵工厂（Venetian Arsenal），由造船厂和军械库组成，从中世纪直到现代早期，生产了威尼斯共和国的大部分海军舰艇，是“历史上最早的大型工业企业之一”。——译者注

㊁ 梅森（Meissen），德国东部城市，人口约3万。——译者注

㊂ 塞夫勒（Sèvres），法国巴黎西南部的一个行政区。——译者注

㊃ 威廉·布莱克（William Blake，1757—1827），英国浪漫主义诗人、画家，受法国和美国革命精神的影响较大。——译者注

工作分析和工作设计。

泰勒出身于富裕家庭，受过高等教育，他成为一名工人完全是偶然。视力不佳迫使他不得不放弃到哈佛大学求学，退而进入一家钢铁公司工作。由于天赋突出，泰勒很快被提拔为公司的管理者之一，并且在金属加工领域的发明使他年纪轻轻就成为富人。促使泰勒开始对工作展开研究的因素是他对资本家和工人之间日益激化的相互仇恨感到震惊，这种仇恨在 19 世纪晚期占据了主导地位。泰勒还看到：双方不一定存在冲突。泰勒着手帮助工人们变得富有成效，以便他们可以赚到更体面的收入。

泰勒的动机并非提高效率，也不是为公司所有者创造利润。泰勒至死都坚持认为提高生产率的主要受益者必须是工人，而不是所有者。他的主要动机是建设一个社会，在其中，所有者与工人、资产阶级与无产阶级可以分享提高生产率带来的共同利益，并可以通过把知识用于工作而营造双方的和谐关系。迄今为止，最能透彻理解这一点的是第二次世界大战后日本的雇主与工会领导者。

在思想文化史上，很少有人能比泰勒的影响更深远，也很少有人被如此蓄意地误解和如此频繁地错误引用。

在某种程度上，泰勒之所以被误解，正因为历史证明他是正确的，而思想文化界是错误的。泰勒之所以被忽视，正因为对工作的蔑视依然存在，在思想文化界尤其如此。毫无疑问，铲砂（泰勒最广为人知的工作分析的研究对象）并非“有教养的人”会欣赏的事情，更不可能予以重视。

泰勒断言，所有体力工作（熟练工作与非熟练工作）都可以运用知识加以分析和组织，这在当时的人看来简直荒谬透顶。多年以后，技艺秘诀的不外传仍被广泛接受，正是这种信念怂恿希特勒在 1941 年底对美国宣战。美国要想在欧洲国家部署有效的军事力量，就需要一支可以运输军队的大型舰队。当时的美国几乎没有商用船队，更没有驱逐舰保护它们。希特勒进一步判断，现代战争需要大量精密的光学设备，而美国缺乏熟练的光学工人。

希特勒无疑是正确的。当时美国确实没有商用船队，更没有驱逐舰保护它们，仅有的几艘早已严重落伍，并且美国也几乎没有光学产业。但通过运用泰勒式科学管理[一]，美国产业界培训了大量非熟练工人（其中许多人原先是在前工业时代环境中长大的农民），在 60 ～ 90 天内把他们转变为了一流的焊接工和造船师。此外，美国在短短数月内培训了一批同样优秀的人才，生产出了质量优于德国产品的精密光学设备——并且是在流水生产线上生产的。

泰勒的最大影响可能在培训领域。在泰勒之前的 100 年，亚当・斯密理所当然地认为一个地区要获得生产高质量产品所需的必要技能，至少需要 50 年的经验积累，甚至可能长达一个世纪——他的例子是波希米亚和萨克森的乐器生产以及苏格兰的丝织品生产。在 1840 年左右，德国人奥古斯特・博尔西格[二]（英国人以外最早制造蒸汽机车的人之一）发明了学徒制度，该制度结合了师傅的工厂实际经验和学校的理论基础。

学徒制度仍然是德国产业效率的基础，但即便博尔西格的学徒期也需要 3 ～ 5 年。后来，首次是在第一次世界大战期间，最重要的是在第二次世界大战期间，美国系统性应用泰勒的方法，在短短几个月内培训出大量“一流工人”。这一点比其他任何因素都更能解释为什么美国能同时战胜德国和日本。

无一例外，现代史上所有早期的经济强国（英国、美国、德国）都通过引领新技术而占据领导地位。第二次世界大战后经济强国和地区（先是日本，接着是韩国、中国台湾、中国香港、新加坡）的崛起都归功于泰勒式培训制度。该制度能在短短的时间内把一支很大程度上仍处于前工业时代并因

㊀ 科学管理（scientific management），兴起于 19 世纪末 20 世纪初的美国，本质是一场思想革命：以科学取代经验，统一效率与人性，劳资合作共创利润。——译者注

㊁ 奥古斯特・博尔西格（August Borsig，1804—1854），德国商人，支持兴建铁路、建造蒸汽机车。——译者注

此处于低工资水平的劳动力队伍打造成一支具有世界级生产率的劳动力大军。在第二次世界大战后的数十年中，泰勒式培训成为推动经济发展卓有成效的引擎。

把知识用于工作可以爆炸性地提高生产率。数百年来，工人生产和搬运物品的效率没有提高。尽管机器有更大的力量，但工人本身的生产率并不比古希腊的作坊工人或罗马帝国的筑路工人更高，也不比文艺复兴时期给佛罗伦萨带来财富的生产羊毛布料的工人更高。

但在泰勒开始把知识用于工作后的几年内，生产率开始以每年3.5% ～ 4% 的复合速度增长，这意味着每 18 年左右翻一番。自泰勒开启生产率革命以来，所有发达国家的生产率已经提高了约 50 倍。发达国家人民的生活水平和生活质量的所有改善都有赖于史无前例的生产率提高。

提高的生产率，一半体现为增强的购买力（即生活水平得到提高），1/3 到一半体现为延长的休闲时间。迟至 1910 年，发达国家的工人仍然像以前那样工作，也就是每年每人至少工作 3000 小时。现如今，日本人每人每年工作 2000 小时，美国人每人每年工作约 1850 小时，德国人每年工作每人最多 1600 小时——并且他们每小时的产量高达 80 年前的 50 倍。提高的生产率中剩余的大部分体现为医疗保健（在发达国家中这已从占 GNP 的 0% 增长到 8% ～ 10%）和教育（在发达国家中这已从占 GNP 的 2% 增长到 10% 甚至更高）。

应了泰勒当初的预见，工人（也就是“无产阶级”）获得了提高的生产率中的大部分。

亨利 · 福特（1863—1947）在 1907 年推出第一辆便宜的 T 型车。然而，T 型车的“便宜”仅限于同市面上其他汽车相比较而言，后者当时的均价相当于如今一架双引擎私人飞机的价格。当时 T 型车的售价定为 750 美元，相当于美国一名全职工人 3 ～ 4 年的收入——当时工人的高标准日工资为 80 美分，并且没有其他“福利”。即使是当时的美国医生，年收入也很少超过 500 美元。现如今，在美国、日本或德国，加入工会的汽车工人每周只工作 40 小时，并且年收入大约相当于一辆廉价汽车成本的 8 倍。

很少有人认识到，正是把知识用于工作引发了过去 100 年来的生产率爆炸式提高，从而创造了发达经济体。技术人员归功于机器，经济学家归功于资本投资。然而，在 1880 年前的资本主义时代的头 100 年中，机器和资本投资的数量与此后同样丰富。就技术或资本而言，资本主义时代的第二个 100 年与第一个 100 年差别不大。但在第一个 100 年中，工人的生产率绝对没有提高，因此工人的真实收入几乎没有增加，工作时间几乎没有缩短。第二个 100 年之所以发生了翻天覆地的变化，只能解释为**把知识用于工作**带来的结果。

然而，现如今我们正在迈进全新的第三个阶段。从今开始，进步、生产率、社会凝聚力将要求**把知识用于知识**。这是知识转型的第三步，或许也是最后一步。实际上，我们所谓的“管理”，就是通过提供知识来发现如何通过现有知识最好地产生成果。

但知识现在也被系统性地、目的明确地用来界定所需的**新**知识是什么，是否可行，以及为使知识富有成效而必须做什么。换言之，知识正用于系统性创新。

如同先前把知识用于工具、流程、产品和把知识用于工作，新的知识革命已经席卷世界。从 18 世纪中叶到 19 世纪中叶，工业革命用了 100 年时间在世界范围内占据了主导地位。从 1880 年到第二次世界大战结束，生产率革命用了大约 70 年时间在世界范围内占据了主导地位。从 1945 年至 1990

年，知识革命仅用了不到 50 年时间就在世界范围内占据了主导地位。

知识革命已经使知识成为人类的基本资源。土地和资本的重要性仅仅在于本身的限制性，传统意义上的“劳动”同样如此。这三者都是“成本”，而不再是“生产要素”。没有这三者，知识就不能产生成果，管理就不能取得卓越绩效。但只要存在卓有成效的管理，也就是把知识用于知识，我们总能够获得其他资源。

知识已成为**特有**资源，而不是**一种**资源，促进了社会转型为知识社会。这个事实从根本上改变了社会结构，创造了新的政治形势、新的社会和经济动态。

CHAPTER 16 | 第 16 章

知识工作者的生产率

(摘自 1991 年版《21 世纪的管理挑战》)

管理在 20 世纪最重要且实际上真正独一无二的贡献，是把制造业体力劳动者的生产率提高了约 50 倍。

无独有偶，管理在 21 世纪需要做出的最重要贡献，将是提高知识工作和知识工作者的生产率。

在 20 世纪，企业最宝贵的资产是**生产设备**。在 21 世纪，无论企业组织还是非企业组织，所有组织最宝贵的资产将是**知识工作者**及其**生产率**。

提高知识工作者生产率的工作才刚刚起步。

就提高知识工作者生产率的实际工作而言，2000 年的我们大约处于 100 年前（即 1900 年）提高体力劳动者生产率的阶段。但我们对知识工作者生产率的了解程度，已经远远超越了当时人们对体力劳动者生产率的了解程度。我们甚至知道存在许多答案。但我们也知道，我们尚不了解这些答案各自会遭遇何种挑战，我们需要解决这些挑战并开展工作。

六项重大挑战决定了知识工作者的生产率。

（1）提高知识工作者的生产率要求我们思考这样一个问题：**“任务是什么？”**

（2）这要求我们把提高生产率的责任交给知识工作者本人。知识工作者**不得不**自我管理，不得不享有**自治**。

（3）持续创新是知识工作者的工作、任务、责任的构成部分。

（4）知识工作要求知识工作者持续学习，同时要求他们持续教导他人。

（5）知识工作者的生产率不是（至少不主要是）产出的**数量**问题，起码**质量**同等重要。

（6）提高生产率要求知识工作者被视为“资产”，且被作为“资产”来对待，而不是“成本”；要求知识工作者**想要**为组织工作，且优先选择为组织工作。

除了最后一项要求之外，其他每项要求都几乎与提高体力劳动者生产率的做法完全相反。

在体力工作中，质量也很重要，但质量欠缺是一个限制因素。必须设立一个最低的质量标准。全面质量管理（20 世纪统计理论在体力工作中的应用）的成就，是能够减少（尽管不是完全消除）低于最低标准的生产。

但在多数知识工作中，质量并非最低标准和限制因素，而是产出的本质所在。在评价一名教师的绩效时，我们不会基于班上的学生数量，而会问有多少学生学到了什么知识——这是一个质量问题。在评估某个医学实验室的绩效时，相较于检验结果的有效性和可靠性，用该实验室的机器进行检验的次数是非常次要的问题。对于档案管理员的工作，同样如此。

因此，知识工作者的生产率必须首先以质量为目标——不是最低质量，而是最适宜的质量（若不是最高质量的话）。这样才能思考下一步：“工作量是多少？”

这不仅意味着我们将从工作质量而不是数量的角度来要求知识工作者富有成效，而且意味着我们将不得不学会界定质量。

关于知识工作者的生产率，关键问题首先是：“**任务是什么？**”这也是其与体力劳动者的生产率最不一致之处。关于体力劳动者的生产率，关键问题首先是：“**这项工作应如何开展？**”在体力工作中，任务往往是既定的。旨在提高体力劳动者生产率的人从未思考：“这位体力劳动者应该做什么？”他们仅会思考：“体力劳动者如何才能最好地完成这项任务？”

但在知识工作中，关键问题是：“任务是什么？”

其中一个原因是，知识工作不同于体力工作，任务不能决定工作者的具体计划。汽车装配线上安装车轮的工人的计划以下列方式实现：一条装配线上的底盘和另一条装配线上的车轮同时到达该工人所在之处。犁地准备播种的农民不可能从拖拉机上下来打电话、参会或写备忘录。在体力工作中，要**做什么**总是显而易见的。

但在知识工作中，任务不能决定工作者的具体计划。

在医院中遇到的紧急情况，如某位病患突然昏迷，当然会决定护士的任务和具体工作计划。

但除此之外，是否花时间陪在病床边，是否花时间填写表格等，在很大程度上由护士自主决定。工程师们经常被要求填写报告或重写报告，被要求参会等，这些被作为衡量他们工作是否完成的依据。百货商店销售员的工作是为顾客服务，提供顾客感兴趣或应该感兴趣的商品。然而现实中，销售员的大量时间不得不用于文书工作，检查商品是否有货，确定何时交货及如何交货，等等。所有这些事务都把销售员从顾客身边抢走，且没有提高销售员的工作效率。然而，向顾客出售商品并满足顾客的要求，恰恰是销售员获取收入的理由。

处理知识工作的第一项要求是找出任务是什么，以便使知识工作者能够集中精力于此，消除其他一切无关紧要之事——起码尽量消除。这就要求知识工作者自主界定任务是什么或应该是什么，而这只有知识工作者本人才能做到。

因此，要提高知识工作者的生产率，首先应该询问知识工作者：

> 你的任务是什么？应该是什么？你应该被预期做出什么贡献？哪些因素会妨碍你完成任务，因此应该设法消除？

知识工作者本人几乎总能考虑清楚并回答这些问题。不过，他们通常需要付出时间和大量努力来重组他们的工作，以便做出应有的贡献，而这些贡献恰恰是他们获取收入的理由。提出问题并根据答案采取行动，通常就可以使知识工作者的生产率迅速提高 2 ～ 3 倍。

这个结论是通过询问一家重点医院的护士们得出的。护士们在任务是什么的问题上存在尖锐的分歧，一部分人认为是“护理病患”，另一部分人认为是“协助医生”。但所有护士对哪些事务影响工作效率具有完全一致的看法，即所谓的“杂务”，包括文书工作、装饰病房、接听病患亲属的电话、响应病患的呼叫，等等。所有或几乎所有杂务都可以交给楼层的其他工作人员处理，而他们的薪酬只是护士薪酬的零头。如此一来，根据护理病患的时间来衡量，楼层护士的工作效率迅速提高到原来的 2 倍，而病患的满意度也超过了原先的 2 倍。而且，以往高得令人难以接受的护士流动率，现在几乎降到了零。这一切，仅用了 4 个月时间。

一旦**任务**被界定，就可以提出进一步的要求，而且这些要求将由知识工作者亲自提出。

这些要求分别是：

（1）知识工作者对自身的贡献负责。对于质量与数量、时间与成本，知识工作者自主决定应该承担什么责任。知识工作者必须享有自治权，并且承担相应的责任。

（2）持续创新必须被纳入知识工作者的工作中。

（3）持续学习和持续教导必须被纳入知识工作者的工作中。

但提高知识工作者生产率的一项核心要求仍未得到满足。我们必须回答下述问题：**何为质量**？

在一些知识工作（尤其是需要大量知识的工作）中，我们已经能够测量质量。例如，外科医生通常被（尤其是同事们）测量的标准是困难的危险手术成功率，如心脏直视手术患者的存活率或整形手术患者的完全恢复率。但总体来看，迄今为止我们对大量知识工作的质量所做的仅仅是判断，而不是测量。然而，主要困难并不在于难以测量质量，而在于难以界定（尤其是存在尖锐分歧的）任务是什么以及应该是什么。

最典型的例子是美国的学校。众所周知，在教学成果方面，美国市中心的公立学校已名誉扫地。但在公立学校附近的私立学校（主要是位于同样的地点，招收出身相同的孩子的基督教教会学校）中，孩子们表现很好且学习优秀。关于造成巨大教学质量差异的原因，存在无数种猜测。但一个主要原因无疑是两类学校对自身的任务界定不同。典型的公立学校把自身的任务界定为“帮助弱势群体的孩子”；典型的基督教教会学校（尤其是天主教教会学校）把自身的任务界定为“让那些想要学习的孩子能够学习”。结果，前者的学生在学业上失败，后者的学生在学业上成绩骄人。

无独有偶，某家大型制药企业内部的两个研究部门，由于各自对任务的界定不同，也产生了截然不同的成果。一个部门把任务界定为不失败，也就是在现有产品和成熟市场上稳步进行相当小但可预测的改进。另一个部门把任务界定为实现“突破”并为此承担相应的风险。这两个部门都被（它们自身、最高管理层、外部分析人员）认为取得了成功，但各自的运作大相径庭，对各自的生产率以及内部研究人员生产率的界定也截然不同。

界定知识工作的质量并将该定义纳入知识工作者的生产率中，在很大程度上是一个界定任务的问题。这要求对既定企业和既定活动的“成果”进行艰难的、有风险的、始终存在争议的界定。实际上我们**知道**怎么做。对于多数组织和多数知识工作者而言，这仍然是一个全新的问题。要回答该问题就**需要**进行争论，**需要**允许存在异议。

知识工作者必须被视为一种**资本资产**。成本需要得到控制并削减，而资产需要得到增值。

在管理体力劳动者的过程中，我们很早就懂得了高流动率（即劳动者流失）的代价非常沉重。众所周知，1914 年 1 月，福特汽车公司把熟练工人的日工资提高到 5 美元。[⊖]之所以推出该措施，是因为福特汽车公司的工人流动率过高，导致成本居高不下，具体来说，当时福特汽车公司为了能有 1 万人的稳定的工人队伍，每年必须雇用 6 万名工人。尽管如此，包括亨利·福特本人在内的所有人（他最初强烈反对这次涨薪）都相信提高工资将极大地减少公司利润。实际结果恰恰相反，涨薪后的第一年，福特汽车公司的利润几乎翻了一番。实行 5 美元日工资之后，几乎没有工人离职。事实上，当时很快就有大量求职者到福特汽车公司求职。

尽管员工流动成本、重新招聘或再培训成本下降了，但体力劳动者仍然被视为一种成本。即便日本企业强调终身雇用和打造一支“忠诚的”永久性员工队伍，但其对体力劳动者的看法依然如此。而且，在员工流动成本之外，对于那些体力工作者（从事数千年来几乎一成不变的工作）的管理，仍

⊖ 1914 年初，亨利·福特力排众议，单方面把日工作时长缩减到 8 小时，日工资从 2.34 美元提高到 5 美元，该措施成效显著，工人流动率和缺勤率迅速下降，且效率大幅提高。——译者注

然假定除了极少数掌握高精技能的人员之外，所有体力劳动者都一样。

对知识工作者而言，情况绝非如此。

从事体力劳动的雇员不掌握生产资料。他们可能（往往）拥有丰富的宝贵经验，但这种经验仅在他们自己的工作岗位上才有价值，不能被用到其他岗位上。

但知识工作者**掌握**生产资料，即头脑中的知识。这是一种完全可转移的巨额资本资产。由于知识工作者掌握自己的生产资料，所以他们能够移动。体力劳动者对工作的需要远远超过工作对他们的需要。知识工作者的情况刚好相反，工作对他们的需要远远超过他们对工作的需要。多数知识工作者与工作是一种共生关系，同等地需要彼此。

管理层的职责是妥善保管组织的资产。当知识工作者掌握的知识成为一种资产，并且在越来越多的情况下成为组织机构的**主要**资产时，这意味着什么？这对人事政策而言意味着什么？需要拿什么来吸引并留住生产率最高的知识工作者？要提高知识工作者的生产率，并将他们提高的生产率转化为组织的绩效能力，需要管理者做什么？

大量知识工作者既从事知识工作**又**从事体力工作，我称之为“技术人员”。

他们包括运用最高深知识的人。

为了在脑动脉瘤造成致命性脑出血之前进行手术矫正，外科医生需要耗费几个小时进行诊断，然后才会决定是否切除，这要求外科医生掌握高深的专业知识。接下来，在实际手术过程中，可能会出现意外并发症，这也需要外科医生具备相应的理论知识和判断力，此二者也都基于高深的专业知识。但手术本身是项体力活儿，是强调速度、精确、一致性的重复性手工操作。这些操作如同任何体力劳动，都需要经过研究、组织、学习和实践。

尽管知识非常重要，但技术人员群体中也有大量的人在工作时运用的知识相对次要。

档案管理员（及后来出现的计算机操作员）要求具备没有什么经验可以传授的字母表知识。与体力工作相比，这些知识仅占全部工作所需知识的一小部分，却是基础性且至关重要的。

技术人员可能是知识工作者中最大的群体，并且可能也是增长最迅速的群体，具体包含绝大部分医疗保健工作者：实验室技术员，康复技术员，X 光、超声波、核磁共振等方面的影像技术员，等等。还包括牙医和所有牙科辅助人员、汽车机械师、所有修理人员和安装人员。事实上，技术人员可能是 19 世纪、20 世纪熟练工人的真正后裔。

技术人员是能够给发达国家带来真正持久性竞争优势的群体。

在真正的高深知识方面，没有任何国家能够像 19 世纪的德国那样通过大学获取世界领先地位。理论物理学家、数学家、经济理论家等没有所谓“国籍”。任何国家都能够以较低成本培养大批掌握高深知识的人才。例如，尽管依然存在大批贫困人口，印度却培养了许多一流的医生和计算机程序员。在未来一段时期内，只有在技术人员的教育领域，发达国家才依然拥有显著的竞争优势。

迄今为止，美国已构建起独特的全国性社区学院[⊖]体系，从而成为唯一真正开发这项优势的国家。社区学院（20 世纪 20 年代开始兴起）实际上**旨在**培养**既**掌握必要理论知识**又**具备体力技能的技术人员。基于此，我相信美国经济仍然拥有巨大的生产率优势，并且美国（迄今为止只有美国）几乎能够在一夜之间创造新的、不同的产业。

其他任何国家都没有美国社区学院那种类型的高等教育机构。著名的日

⊖ 社区学院（community college），又称专科学院或两年制学院，主要由美国的地方税收支持，招收当地学生，提供较低级别的高等教育，授予副学位（associate degrees），毕业生可以转入四年制文理学院或大学以完成本科教育。——译者注

本教育体系培养的要么是只从事体力劳动的人，要么是专做知识工作的人。日本计划在2003年设立第一家旨在培养技术人员的机构。更加著名的德国学徒体系创始于19世纪30年代，它是推动德国成为世界制造业强国的主要因素之一。但该体系主要关注（现在依然如此）体力工作的技能，轻视理论知识，因此面临被迅速淘汰的风险。

但其他发达国家应该有望以较快速度赶上美国。然而，另外的国家（新兴国家和第三世界国家）可能落后数十年，这部分是由于培养技术人员需要付出高昂成本，部分是由于这些国家中掌握知识技能的人仍然对体力工作不屑一顾，甚至鄙视。他们的主流态度是："这是助手该做的。"然而，在发达国家（尤其是美国），越来越多的体力工作者逐渐成为技术人员。因此，在提高知识工作者的生产率方面，提高技术人员的生产率应被置于优先位置。

提高知识工作者的生产率总是要求重组**工作本身**，并使其成为**系统**的一部分。

以维修昂贵的大型挖掘机等贵重设备为例。传统上，这被视为完全不同于制造和销售机械的工作。但当全球最大的机械设备生产商美国卡特彼勒公司[㊀]管理层思考"我们获得收入的理由是什么"时，他们得出的答案是："我们并非由于机械获得收入，而是由于机械在客户的业务中所做的工作。这要求我们保持机械设备的顺利运行，因为即使出现1小时的故障，客户为此付出的代价也远远超过设备本身的价格。"换言之，关于"我们的业务是什么"，该公司管理层给出的答案是"提供服务"。进而，这导致了卡特彼勒公司直到工厂运营层面的全方位重组，以便确保客户能够持续运营，并及时获得维修或更换服务。服务代表（往往是技术人员）已经成为真正的"决

㊀ 卡特彼勒公司（Caterpillar），美国重型工业设备制造企业，成立于1925年，主要产品包括用于农业、建筑及采矿等领域的工程机械和柴油发动机、天然气发动机及燃气涡轮发动机等。——译者注

策制定者”。

因此，**做什么**来提高知识工作者的生产率，这在很大程度上已经得以澄清。**如何**做，同样非常清楚。

提高知识工作者的生产率是发达国家的**生存性要求**。除此之外，发达国家没有其他方法维持自身的状况，更难以保持现有的领导地位和生活水平。

在过去的 100 年（即 20 世纪）中，这种领导地位在很大程度上有赖于体力劳动者的富有成效。现在任何国家、任何行业、任何企业都能做到这一点——通过采用自泰勒最早研究体力劳动以来的 120 年中发达国家不断完善并用于实践的方法。如今任何人在任何地方，都可以把这些方法用于培训、工作的组织、提高工作者的生产率（即使这些工作者受教育水平低下，甚至是文盲，并且不掌握任何工作技能）。

发达国家能够指望拥有的唯一优势可能就是为知识工作提供准备充分的、受过教育的、培训合格的人才。再过 50 年，在该领域，发达国家有望在质量和数量上都获得显著优势。但这种优势能否转化为绩效取决于发达国家（以及内部的每个产业、每家企业、每个机构）在下列方面的能力：以过去 100 年中提高体力劳动者生产率的速度提高知识工作者的生产率。

在过去的 100 年中，在提高体力劳动者生产率方面位居前列的国家和行业成了领导者：美国第一，日本和德国紧随其后。如果不是非常快的话，最系统地、最成功地提高知识工作者生产率的国家和行业在 50 年后将成为世界经济的执牛耳者。

CHAPTER 17 | 第 17 章

从信息到沟通

（最初是提交给 1969 年日本东京国际管理学会会议的论文）

人们对“信息”和“沟通”的关注始于第一次世界大战前不久。1910 年罗素[一]和他的老师怀特海[二]出版的《数学原理》至今仍然是一本基础性著作。还有许多著名的后继者（从维特根斯坦到维纳[三]，再到当今乔姆斯基[四]的“数理语言学”）一直在继续从事信息的**逻辑化**研究。

大致而言，当时人们的兴趣在于沟通的**意义**，柯日布斯基[五]在 19 世纪末 20 世纪初开始研究的“普通语义学”，即沟通的意义。然而，正是第一次世界大战使整个西方世界产生了沟通意识。

㈠ 罗素（Russell，1872—1970），英国哲学家，怀特海的学生，1950 年获得诺贝尔文学奖。——译者注

㈡ 怀特海（Alfred N. Whitehead，1861—1947），英国哲学家，与伯特兰·罗素合著《数学原理》。——译者注

㈢ 维纳（Norbert Wiener，1894—1964），美国应用数学家，控制论创始人，代表作《控制论》。——译者注

㈣ 乔姆斯基（A. N. Chomsky，1928—），美国语言学家，为语言和思想研究提供了一个新的认知框架，代表作《句法结构》。——译者注

㈤ 柯日布斯基（Alfred Korzybski，1879—1950），波兰裔美籍学者，开创“普通语义学”，代表作《科学与理智》。——译者注

战后不久，1914 年德国和俄国的外交档案就被公开出版，无可辩驳的证据显示，之所以各国掌握大量有用信息却不能阻止大战爆发，在很大程度上是由于沟通失败。而且，战争本身显然是一种沟通失败的悲喜剧[一]，最典型的例子是 1915 ～ 1916 年温斯顿·丘吉尔有关加里波利战役的战略设想完全破产。[二]此外，第一次世界大战刚刚结束时，劳资冲突愈演愈烈，严峻的形势表明，在现有机构内部、现有社会内部以及各种领导团队与形形色色的“公众”之间，缺少且需要一种有效的沟通理论或沟通实践。

因此，四五十年前，沟通突然引起学界和实业界的浓厚兴趣。最重要的是，在过去的半个世纪中，管理沟通问题已经成为所有机构（企业、军队、公共行政机构、医院管理部门、大学行政机构、研究管理部门）的学者和实务者关注的中心议题。心理学家、人际关系专家、管理者、管理学者都努力改善社会主要机构中的沟通状况，再没有哪个领域的男男女女比他们工作更努力，贡献更大。

然而，沟通问题已被证明犹如独角兽[三]般难以捉摸。噪声水平上升得如此之快，以至于没人能真正倾听其他人关于沟通问题的喋喋不休。显然，沟通越来越少。机构内部的各部门之间、社会不同团体之间的沟通鸿沟正在逐步加深，甚至有可能恶化为相互误解。

与此同时，信息爆炸悄然而至。每位专业人员、管理者（事实上包括除聋哑人之外的每个人）突然能够轻易获得海量数据。所有人都感到自己非常像被单独留在糖果店里的小孩——吃撑了。但如何才能够使海量数据转化为有效信息和真知灼见呢？我们得到了许多答案。但迄今为止可以确定的是，

[一] 悲喜剧（tragicomedy），一种悲剧和喜剧交融的文学体裁，兼有悲剧和喜剧成分。——译者注

[二] 1915 年 4 月丘吉尔策划从加里波利半岛登陆占领伊斯坦布尔，以迫使奥斯曼退出战争，缓解沙皇俄国在高加索地区的压力，然而英军主力“澳纽军团”惨败。——译者注

[三] 独角兽（unicorn），古希腊传说中的一种生物，身体像白马或山羊，前额有一根带有螺纹的长角，象征着纯洁和优雅。——译者注

没人真正有答案。尽管有“信息理论”和“数据处理”技术，但还没有多少人见过，更没人使用过“信息系统”或“数据库”。确定无疑的是，大量信息的存在改变了沟通难题的症结所在，使其变得更紧迫，同时也更难处理。

虽然沟通在理论和实践上都有待改善，但我们已经对信息和沟通有所了解。尽管我们在沟通工作上花费了大量时间和精力，但我们的所作所为并没有显现出相应的效果。沟通成了大量似乎彼此不相关学科（包括学习理论、遗传学、电子工程等）的副产品。我们同样积累了很多经验（虽然多数是失败的），这些经验源自各类组织的实践。确实，我们可能从未真正理解什么是沟通。但关于组织中的沟通（即**管理沟通**），目前我们的确有一点了解。我们越来越了解什么是行不通的，有时候也能了解为什么行不通。事实上，我们能够肯定地说，今天大多数关于管理沟通的勇敢尝试（来自企业、工会、政府机构或大学），都基于已被证明无效的假设，因此所有这些努力都可能毫无成果。或许，我们甚至可以预测什么能行得通。

主要通过不断地试错，我们已经了解到沟通的下列 4 项基本原理：

- 沟通是感知
- 沟通是期望
- 沟通是要求
- 沟通与信息完全不同，但信息是有效沟通的前提

1. 许多宗教的神秘主义者（如禅宗僧侣、苏菲派穆斯林、犹太教拉比）会问一个古老的问题：“如果森林中有棵树倒了，周围没人听到，那么森林中有声音吗？”我们现在知道，正确答案是“没有”，但有声波。除非有人感觉到声波，否则就没有声音。声音是由感知创造的。声音就是沟通。

这似乎是老生常谈，毕竟古代的神秘主义者已经知道这一点，因为他们

也时常回答除非有人能听到，否则就没有声音。然而，这种老生常谈却具有非常深刻的启示意义。

（1）首先，沟通需要接收者。发出信息之人（所谓沟通者）所做的不是沟通，他只管发布信息。除非有人听到了，否则就不存在沟通，有的只是噪声。无论沟通者讲话、写作还是唱歌，这些行为都不是沟通。实际上，沟通者不能沟通，只能使接收者（倒不如说是有感知能力的人）的感知成为可能或不可能。

（2）我们知道，感知不是逻辑而是经验。这意味着，首先，个人总能感知到一种整体情境，但不能感知到单独的细节。细节是整体情境的构成部分。“无声的语言”（如同 10 年前爱德华·霍尔[㊀]的开创性著作的名字）是手势、语调、环境，以及文化和社会符号共同构成的整体，不能与有声的语言分离。事实上，缺少了这些无声的语言，有声的语言就会失去意义，无法实现沟通。不仅如此，同一句话，例如“我喜欢见到你”，说者无意听者有心，不同的听众可能产生完全不同的理解，声音是热情的还是冰冷的，表示钟爱还是拒绝，取决于其与无声的语言（如语调或时机）的配合。更重要的是，话语如果脱离了时机等无声的语言构成的整体语境，本身是没有任何意义的。仅靠话语本身不可能实现沟通，因为它不能被理解，实际上也不能被听到。套用人际关系学派[㊁]的一句话就是：“单个词不能实现沟通，整个人才行。”

（3）但我们也知道，一个人只能感知到他能感知的事物。就像

㊀ 爱德华·霍尔（Edward T. Hall，1914—2009），美国人类学家，最早系统研究跨文化传播的人，1959 年出版《无声的语言》。——译者注

㊁ 人际关系学派（human relations school），管理学流派，围绕人际关系展开对管理的研究，代表人物是埃尔顿·梅奥。——译者注

> 人的耳朵不能听到超出一定频率的声音，人的所有感官都不能感受到超出自身感知范围的事物。当然，也有可能在听觉上能听得见，或在视觉上能看得见，却不能理解。另外，刺激不能成为沟通。

虽然这些说法似乎非常新颖，但早已成为修辞学教师的常识。柏拉图的《斐德罗篇》是现存最早的修辞学论著，在该书中，苏格拉底指出，个人必须立足于对方的经验进行交谈，即当他同木工谈话时，他就不得不用木工惯用的比喻等。只有用接收者的措辞或完全在其语境下，才可能达到沟通的目的。而且，措辞必须基于经验，试图向人们解释一些措辞并没什么效果，如果措辞并非基于接收者本人的经验，这些措辞就超出了接收者的感知能力，它们就不能被成功接收。

我们现在知道，经验、感知、概念形成（即认知）之间的联系，比先前任何哲学家想象的要更加微妙，更加复杂。但一个事实已经得到非常充分的证明，即学习者（不论是儿童还是成年人）的感知和概念不是互相分离的。除非我们能想象，否则我们不能感知；除非我们能感知，否则我们也不能形成概念；除非接收者能感知，即措辞在其感知的范围内，否则不可能与他沟通一个概念。

有句老话说得好："表达困难总是代表思维混乱。需要理顺的不是语句，而是背后的思维。"当然，在写作过程中，我们试图与自己沟通。一个读不懂的句子，是超出我们自己感知能力的句子。如果继续执着于这个句子，即通常所说的沟通，并不能解决问题。我们首先不得不学习自己的概念，以便能够理解我们尝试说什么，只有这样，我们才能清晰地写出这句话。

无论使用什么媒介进行沟通，首要的问题是："沟通是否在接收者的感知范围内？他能接收吗？"

当然，"感知范围"是生理性的，并主要（虽然不是全部）是由人的身体局限性决定的。然而，当我们谈论沟通时，感知方面最重要的局限并非源自生理，而是源自文化和感情。我们知道，数千年来狂热分子始终不能被理性的辩论说服。

现在我们正逐渐明白，问题的关键并非在于我们缺乏“论据”，而在于他们不具备沟通能力，即沟通超出了他们的感情范围。在与狂热分子沟通之前，需要他们首先改变自己的感情。换言之，如果试图把感知建立在全部相关证据的基础上，那么没人能真正“接触现实”。理智与偏执之间的区别，不在于感知能力，而在于学习能力，即一个人基于经验改变感情的能力。

早在 40 年前，其言辞最常被人们引用而本人却不幸被几乎所有的组织学者忽视的玛丽・福列特[㊀]指出，感知受到人们能够感知到的事物的制约。福列特认为，分歧或冲突不可能只是在于答案或者一些表面的问题上。确实如此，在多数情况下，分歧或冲突是感知不一致导致的结果。A 看得非常清楚，B 却一点都看不见。因此，A 争辩的事物与 B 关切的东西没有联系，反之亦然。福列特说，双方都可能看到现实，但每一方可能看到的只是现实不同的侧面。世界不仅仅是物质世界，也是多维世界。然而，在某个时刻，一个人却只能看到一个维度，不可能意识到世界还有其他维度。尤其是那些在我们的亲身经历中被清楚地不断证实的事物，也有其他维度、背面或侧面。这彻底不符合我们的常识，因此导致了完全不同的感知。在盲人摸象的故事中，每个人基于自己的个人经验，感受面前那个庞然大物的腿、鼻子、肚子，得出的结论完全不同，他们都坚持一己之见，这是人类境况的真实写照。只有每个人都认识到上述情况，并且摸到大象肚子的人挪到摸到大象腿的人所在之处，亲自感受一下大象腿，才能实现沟通。换言之，除非我们一

㊀ 玛丽・福列特（Mary P. Follett，1868—1933），美国政治学家、管理学家，被德鲁克誉为“管理学的先知”。——译者注

开始就知道接收者（即真正的沟通者）能理解什么，且明白其中的原因，否则就不可能实现沟通。

2. 一般而言，个人感知到的是自己期望感知的事物，看到的主要是自己期望看到的事物，并且听到的也主要是自己期望听到的事物。出乎意料的事物往往被贬为不重要的事物，多数企业或政府部门中的沟通研究者认为确实如此。真正重要的是，意料之外的事通常完全没有被接收到，其既非未被看到，亦非未被听到——而是被有意忽视了，或者被误解了（即被误认为是期望看到的事物或期望听到的事物）。

在这一点上，我们已经有了一个多世纪的试验，结果是无可置疑的。人类思想倾向于将观感和刺激纳入期望的框架之中。人类强烈抵制任何使其“改变思想”的企图，即感知那些自己不期望感知的事物，或不去感知那些自己期望感知的事物。当然，可能需要注意的是，感知到的事物有可能与个人期望相反。这首先需要个人理解自己期望感知的事物，然后要求有一个明确无误的信号——“错误”，对自己的惯性思维当头棒喝。思想经由微小的、渐进的步骤，逐渐认识到其感知到的事物并非自己期望感知的事物，这种“渐进的”改变方式行不通。

因此，在我们成功沟通之前，我们必须知道接收者期望看到或听到什么。只有这样，我们才能知道沟通能否利用他的期望（接收者预期的是什么）或是否需要对他进行“当头棒喝”，因为这种“唤醒”能打破接收者的期望并强迫他认识到意料之外的情况正在出现。

3. 许多年前，研究记忆的心理学家无意中发现了一个奇怪现象，这直接颠覆了他们原先的研究假设。为了测试记忆，心理学家为受测者编制了一份词语清单，以便随机测验他们的记忆能力。在控制组，他们设计了一份仅是不同字母组合的无意义词语清单，以便测验理解在多大程度上影响记忆。使这些大约一个世纪前的研究者感到惊奇的是，受测者（当然多数是学生）对各个单词表现出完全不均匀的记忆力。更奇怪的是，受测者对那些无意义单词表现出令人惊讶的记忆力。第一个现象很容易得到解释，单词不仅仅是信息，它们承载着感情投入。所以，那些令人联想到不高兴之事或威胁的单词会被遗忘，而那些令人联想到开心之事的单词则被记住。事实上，这种与感情关联的选择性记忆因此被用于测验情绪失调和性格特征。

如何解释受测者对无意义单词的高比例记忆率是一个更大的难题。毕竟，原先心理学家们假定没人能真正记住那些没有任何意义的词汇。但多年来，人们越来越清楚地认识到，尽管受测者对这些无意义单词的记忆有限，但正因为这些单词没有任何意义，所以才会被记住。出于同样的原因，这种词汇没有表达任何要求，可谓完全中性。对这种词汇的记忆纯粹是机械性的，既没表现出感情上的喜好也没有表现出感情上的排斥。

每位报纸编辑都常常碰到类似现象，补白（即用来填补空白版面的三五行不重要的随机信息）的读者人数出奇地高，并且补白更容易被读者记住。为什么人们想要阅读甚至记住在某位被遗忘已久的公爵的院子里，最早流行两条腿各穿不同的长筒袜？为什么人们想要阅读甚至记住何时何地首次使用发酵粉？然而，毫无疑问，除那些有关灾难的骇人听闻的头条新闻外，这些无关痛痒的八卦消息最容易被人们记住。答案就在于这些补白没有附带任何要求。无关紧要恰恰是被记住的原因。

沟通总是一种宣传。发布消息的人总是希望自己的“想法被理解”。我们现在知道，宣传一方面要比相信“公开讨论”的理性者认为的具有更加强大的力量，另一方面却又不如宣传神话缔造者（如纳粹党的戈培尔[㊀]）本人相

㊀ 戈培尔（Paul J. Goebbels，1897—1945），纳粹德国国民教育与宣传部长，1945 年 5 月 1 日自杀。——译者注

信并想要我们相信的那样强大。的确，所有宣传的危险不在于会被相信，而在于人们不再相信任何宣传，对每次宣传都疑心重重。最后，再也不能实现任何真正的沟通。任何人说的一切都被视为一种要求，招来怨恨，引起抵制，结果就是听众根本听不进去。铺天盖地宣传的最终后果，并非深信不疑，而是愤世嫉俗——当然，这可能是更大、更危险的堕落。

换言之，沟通常常附带一定的要求，往往要求接收者变成某人，做某事，相信某种观念。沟通总是需要一定的激励因素，如果与沟通对象的愿望、价值观、动机一致，那么沟通就会效果显著。反之，如果与沟通对象的愿望、价值观、动机冲突，那么沟通就无法实现，或者最好的情况是不被抵制。当然，最强大的沟通，能够使沟通对象的人格、价值观、信念、愿望等发生重大改变。但这只会发生在极其罕见的生存危机状态下，如各种不利情况严重威胁某人内心的基本信念时。《圣经》记载，甚至上帝也不得不先让"扫罗"失明，然后才能使他成为皈依基督教的使徒"保罗"。旨在使接收者转变观点的沟通要求接收者先放弃原先的观点。因此，大体上说，除非信息能够与接收者的价值观吻合，或至少在一定程度上吻合，否则就不能实现沟通。

4. 沟通是感知，信息是逻辑。就其本身而言，信息是完全形式的，没有任何意义；是非人格化的，而不是人际的。信息摆脱越多人的因素（如感情和价值观、期望和感知等），就会越可靠、有效，就越是有用的信息。

纵观历史，老大难的问题一直是如何从基于感知的沟通（即人与人之间的关系）中收集一点信息，从大量的感知中筛选出信息内容。现在，由于逻辑学家的理论性工作（尤其是罗素和怀特海的数理逻辑成果），再加上数据处理、数据存储的技术能力（尤其是计算机以及强大的存储、操作和传输能力），使我们一夜之间具备了提供信息的能力。换言之，同古人相比，我们面临的是相反的难题，即处理信息本身的问题——缺乏任何沟通内容。

对有效信息的需求与对有效沟通的需求是彼此对立的。例如，信息总是具体的。在沟通时，我们感知到的是整体情境，但在信息处理过程中，我们传输的是具体的个别数据。确实，信息首先遵从经济原则。所需数据越少，信息越丰富。信息过载，即信息超出真正需求的限度，会导致彻底的信息崩溃。实际上，这不会使人掌握更多信息，而是会导致信息匮乏。

同时，信息以沟通为前提。信息总是被编码。为了被接收和被使用，编码必须被接收者所知并理解。这就需要提前达成协议，即沟通。起码接收者需要知道编码指代的是什么。计算机硬盘中的数据是山脉的海拔还是美联储成员银行的现金余额？无论如何，接收者都首先需要知道是哪座山或哪家银行，再从数据中提取信息。

信息系统的原型可以追溯至陆军的德语体系，即 1918 年前奥地利帝国[㊀]军队的命令语言，具体来讲，该语言体系由不到 200 个单词构成，如“开火”“稍息”等，其中每个单词都被赋予完全明确的含义。奥地利帝国军队由讲多种语言的军人组成，军官、士官和普通士兵之间语言不通，唯有依靠这套语言体系军队才能够顺利运转。明确的意义意味着需要有所行动。在行动中且通过行动学习这些单词的过程，即现代行为学家所称的操作性条件反射[㊁]。在经过几十年民族主义[㊂]的煽动之后，奥地利帝国军队内部成员之间的关系确实非常紧张。同一部门内部不同民族的成员之间，即便并非完全断绝联系，其相互交往也确实存在非常大的障碍。但最终，该信息系统发挥了应有的功能。其中的每个单词仅有一个正式的、精确的、合理的含义，这有

㊀ 奥地利帝国（Imperial Austrian），指 1918 年前的奥匈帝国，属于欧洲传统五大强国之一，第一次世界大战后分裂为 11 个小国。——译者注

㊁ 操作性条件反射（operant conditioning），与传统的条件反射不同，通过使用正强化和负强化来改变行为，使个体在特定的行为和后果之间建立联系。——译者注

㊂ 民族主义（nationalism），一种意识形态，强调对民族或民族国家的忠诚、奉献或效忠，并认为该义务优于个人或团体的利益。——译者注

赖于预先制定出针对一组特定声音做出特定行动的沟通规则。然而，这个例子也表明，信息系统的成效还取决于是否愿意和有能力仔细思考哪些人为了什么目的需要什么信息，进而取决于围绕每一项输入、输出的特定含义在各方与系统之间进行的系统性沟通。换言之，信息系统的成效取决于预先确立的沟通基础。

意义层次越多，沟通就越好，也越不可能量化。

中世纪美学主张，一件艺术作品能够表达多层次意义，即使不是 4 个，至少也有 3 个层次，包括字面意义、比喻意义、寓言意义、象征意义。精心地将这种理论转化为实践的艺术作品，最成功的当然是但丁[一]的《神曲》。如果信息仅限于能够量化的事物，那么《神曲》就没有任何可称作信息的内容了。正是由于旨趣的兼容性、内涵的多样性，该作品才既可以被视作神话故事，又可以作为形而上学的鸿篇巨制，成为历史上无与伦比的艺术巨作，能够与历代读者直接沟通。

换言之，沟通可能不依赖于信息。事实上，最完美的沟通可能纯粹是分享经验，并不具备任何逻辑。感知是首要的，而非信息。

关于组织中的沟通、我们失败的原因以及未来取得成功的先决条件，现有的知识和经验能教给我们什么？

几个世纪以来，我们一直致力于下行沟通[二]。然而，为什么无论付出多少聪明才智和辛勤劳动，最后仍旧效果不明显？这首先是因为下行沟通聚焦于我们想要表达什么。换言之，下行沟通假定信息发布者在进行沟通，但现在我们知道他所做的一切都只是发布。沟通是接收者的行为。我们一直在发

[一] 但丁（Dante Alighieri，1265—1321），意大利诗人，文艺复兴代表人物，代表作《神曲》。——译者注

[二] 下行沟通（downward communication），信息由组织层次的较高处流向较低处，旨在控制、指示、激励及评估的一种沟通方式。——译者注

布者身上做工作，尤其是经理人、行政人员、指挥官，力求使他们成为一名更好的沟通者。但所有下行沟通只能传达命令，即预先设置好的信号。

包括动机在内的任何与理解有关的事情都不能通过下行沟通实现，而只能通过上行沟通[一]（即从接收者流向发布者）来实现。

“倾听”也不能彻底解决问题。40 年前，以埃尔顿·梅奥[二]为代表的人际关系学派就已经意识到传统的沟通方式终告失败，梅奥提出的解决方案（参见梅奥的两本名著：《工业文明的人类问题》和《工业文明的社会问题》）是要求管理者学会倾听。也就是说，不再从管理者想要下级理解的事情入手，而应该从下级自己想知道、感兴趣、能感知的事情出发。迄今为止，人际关系学派的主张虽然仍很少得到应用，但依旧是现有的最佳选择。

当然，倾听是沟通的先决条件，但仅仅倾听是不够的，并且其本身并不能发挥作用。尽管这个口号非常流行，但并未得到广泛应用，原因或许就在于尝试应用的效果不佳。倾听的首要前提就是上级能够理解他听到的话。换言之，它假定下级能够有效沟通。然而，很难理解为什么下级能够做上级做不到的事。事实上，想当然地认为下级能够做到，这是没有任何理由的。没有理由使我们相信，倾听会比讲话更不容易产生误解和偏差。另外，主张倾听的观点没有考虑到沟通是一种要求，倾听并不能使下级主动展现自身的偏好、欲望、价值观和愿望。这也正是产生误解的原因之一。

倾听不能成为相互理解的基础。我并非说倾听是错的，只不过鉴于下行沟通徒劳无功，我反对下述做法：试图把文字写得简明易懂，命令表达得言简意赅，用自己习惯的语言而非接收者所用的行话阐述想法。确实，沟通的实现有赖于上行沟通（更精确地说，沟通必须始于接收者，而不是始于作为

[一] 上行沟通（upward communication），一种下级向上级反映意见的沟通方式，目的是要有一条让管理者听取员工意见、想法和建议的通路。——译者注

[二] 埃尔顿·梅奥（Elton Mayo，1880—1949），美国心理学家，生于澳大利亚，1927 ～ 1932 年主持霍桑实验，开创人际关系管理学派。——译者注

倾听概念基础的信息发布者），这是绝对合理和至关重要的。需要注意的是，倾听不过是沟通的起点罢了。

数量庞大、质量上乘的信息，并不能解决沟通难题，也不能弥合沟通鸿沟。相反，信息越多，就越需要有效地进行沟通。换言之，信息越多，沟通鸿沟可能会越深。

首先，信息处理过程越客观、越正式，它就越依赖之前有关其应用和意义的一致协议（即沟通规则）。其次，信息处理过程越有效，信息就会变得越客观和正式，人与人之间就会变得更加彼此分离，因此就会需要专门付出更大努力重建人际关系和沟通关系。也可以说，信息处理过程的成效越来越取决于我们的沟通能力，而且在缺乏有效沟通的情况下（也就是在当前我们面临的情况下），信息革命并不能真正产生信息，其产生的不过是大量数据。

换言之，甚至可能更加重要的是，检验信息系统优劣的标准，越来越聚焦于能否使人从关注信息转而关注沟通。尤其是，检验计算机系统的标准是，能给予各级管理者和专业人员多少时间与其他成员发展直接的、个人的、面对面的关系。

现如今，衡量计算机使用率的一条时髦标准是计算机在一天当中的运行小时数。但这甚至连计算机效率的衡量标准都算不上，纯粹是一种衡量输入的方法。衡量输出的唯一标准是获取使人摆脱控制的信息的难易程度，即不必为获取有关昨日之事的一点信息而花费大量时间。进而，这方面唯一的衡量标准就是实现有效沟通（这是只能由人来做的工作）所需的时间长短。当然，从这个方面来审视，当今几乎没有计算机得到了恰当使用。多数计算机都被误用，即用来证明花费更多时间进行控制的合理性，而非用来证明给予人们所需的信息使他们摆脱控制的合理性。造成这种状况的原因，很明显是缺乏事先的沟通，即关于需要什么信息，由谁提供，目标是什么以及意味着什么具体操作等方面的协议和决策。第一次世界大战前奥地利帝国军队中由200 个单词构成的陆军的德语体系，即使最笨的新兵都能够在两周以内完全掌握。打个比方，计算机被误用的原因正在于缺少了堪与该语言体系相类似的要素。

换言之，信息爆炸是进行沟通的最强大推动力。确实，我们身边巨大的沟通鸿沟（存在于管理层与员工之间、企业与政府之间、院系与学者之间及他们与大学行政部门之间、生产者与消费者之间，等等），在一定程度上这恰好反映出，在信息爆炸性增长的同时，沟通并没有得到相应的改善。

关于沟通，我们能提供一些建设性意见吗？我们能做什么？可以说，我们不得不从发布信息转变为沟通。沟通必须始于预期的接收者而非发布者。我们建议在传统组织中试行上行沟通，因为下行沟通不能发挥作用，也不会发挥作用。上行沟通成功地建立起来之后，才能轮到下行沟通，下行沟通是反应而非行动，是回答而非传达。

总之，如果把沟通视作从“我”到“你”的过程，就无法实现真正的沟通。只有将其视为从“我们的”一位成员到其他成员时，才能实现真正的沟通。沟通并非组织的一种**手段**，而是组织的一种**模式**。这可能是我们从沟通失败中得到的真正教训，也是沟通所需的真正衡量标准。

7

第七部分

新社会

A FUNCTIONING SOCIETY

导 言

“新社会”撰写于2001年夏天，原定于9月11日纽约和华盛顿遭受恐怖袭击的那周发表在《经济学人》杂志上。恐怖袭击发生后，此文不得不被推迟两个月于2001年11月3日发表。“9·11”恐怖袭击事件从根本上改变了世界政治形势，但并未改变同样剧烈的社会变革（尤其是发达国家的社会变革）。本部分旨在探讨社会变革，因此我把这篇文章全文照录。

CHAPTER 18 | 第 18 章

新社会

（首次发表于 2001 年《经济学人》）

新经济可能实现，也可能不会实现，但毫无疑问，新社会很快将会来临。在发达国家，或许也包含新兴国家，这种新社会将比任何新经济重要得多。新社会将与 20 世纪末的社会截然不同，也不符合多数人的预期。新社会的许多方面都将是前所未有的，并且其中大部分已经成型，或者说正在迅速成型。

在发达国家，新社会的主导因素刚刚引起多数人的注意：迅速增加的老年人口和迅速减少的年轻人口。各国政治人物仍然承诺挽救现有的养老金体系，但他们及选民都心知肚明，在未来的 25 年中，如果身体健康状况允许的话，多数人将不得不一直工作到 70 岁。

人们尚未意识到的是，越来越多的老年人（超过 50 岁的人）将不再以传统的朝九晚五的全职雇员身份工作，而是以多种方式加入劳动大军，如临时工、兼职工、顾问、特殊任务执行者等。而原先的人事部门（现在的人力资源部门）仍然假定，为某组织工作的人都是全职雇员。就业方面的法律法规也基于相同的假设。然而，在 20 ～ 25 年内，或许有高达一半的为某组织工作的人并非受该组织雇用，当然也不是全职雇员，对于老年人来说尤其如此。与这些人协作开展工作的新方式，将日渐成为所有组织而不仅仅是企业面临的核心管理问题。

自罗马帝国逐渐衰落以来，从未出现过如今这种年轻人口急剧减少的状况。即便仅仅因为这一点，就有可能导致剧烈动荡。在每个发达国家（以及中国和巴西），总和生育率[㊀]都远低于 2.2 的世代更替水平。从政治上讲，这意味着移民将成为所有富裕国家的一个重要且高度分裂性的议题，并将打破所有传统的政治阵营。从经济上讲，年轻人口的减少将从根本上改变市场。家庭形成率的提高向来是发达国家全部国内市场的推动力，但除非有大批年轻移民支撑，否则家庭形成率必然会稳步下降。第二次世界大战后，在所有富裕国家出现的同质性大众市场从一开始就取决于年轻人，现如今取决于中年人，或者更有可能一分为二：取决于中年人的大众市场和取决于年轻人的较小市场。由于年轻人的数量将会缩减，创造新的就业模式来吸引并留住日益增多的老年人口（尤其是受过教育的老年人口）将会变得越来越重要。

新社会将是知识社会，知识将成为关键资源，知识工作者将成为劳动大军中的主导群体。

知识工作者具备下列三个主要特征：

- 没有界限，原因是知识比金钱更容易传播
- 向上流动，通过容易获得的正规教育，人人都能够向上流动

㊀ 总和生育率（total fertility rate），也称总生育率，某一时间点各年龄组育龄妇女生育率的总和，反映平均每个妇女一生中生育的子女总数。一般在发达国家总和生育率至少要达到 2.1，才能达到世代更替水平，不致令人口总数随着世代更替而下降。——译者注

- 成败皆有可能（人人都可以获得“生产资料”——工作所需的知识，但并非人人都能胜任）

对于组织和个人而言，这三个特征将共同推动知识社会成为一个高度竞争的社会。信息技术的发展尽管只是新社会的众多新特征之一，但已经带来了至关重要的后果：知识几乎能够瞬间传播，人人都可以获取知识。考虑到信息传播的便利与快捷，尽管多数组织将继续在业务和市场方面致力于本地化，但知识社会中的每个机构（企业、中小学、大学、医院、越来越多的政府机构等）都必须具有全球竞争力，这是因为互联网将使世界各地的客户能随时了解全球的可用商品及价格。

这种新型知识经济将严重依赖知识工作者。

现如今，术语“知识工作者”被广泛用于描述掌握丰富理论知识、具备较强学习能力的人，具体包括医生、律师、教师、会计、化学工程师等。但最显著的增长将出现在“掌握知识的技术人员”方面，具体包括计算机技术人员、软件设计师、临床实验室分析人员、制造技术人员、律师助理等。这些人既是知识工作者，又是体力劳动者。事实上，他们用双手工作的时间比用大脑工作的时间多得多，但他们的体力劳动立足于深厚的理论知识之上，这些知识只能通过正式教育而不是学徒制来习得。一般而言，他们的收入并不比传统的熟练工人高很多，但他们自视为“专业人士”。正如制造业中的非熟练工人是20世纪主要的社会和政治势力，在未来数十年中，掌握知识的技术人员很可能成为主要的社会和政治势力。

在结构方面，新社会已经脱离了我们几乎所有人仍生活在其中的社会。20世纪见证了1万年以来社会主导部门（即农业）的迅速衰落。现在的农业产量至少是第一次世界大战之前农业产量的4～5倍。但在1913年，农产品贸易占世界贸易的 70%，而现在的份额最多只有 17%。20 世纪初，在多数发达国家，农业贡献了 GDP 的最大份额，现如今，在富裕国家，农业贡献的份额已经减少到了微不足道的程度。

在总人口中，农业人口的占比已经下降到了非常低的水平。

制造业也遵循了同样的演变轨迹。自从第二次世界大战以来，发达国家制造业的产量可能增长了两倍，但扣除物价上涨因素后制成品价格是稳步下降的，而扣除物价上涨因素后主要知识产品（医疗和教育）的成本已增长了两倍。现如今，制成品对知识产品的相对购买力仅为 50 年前的 1/5 或 1/10。美国制造业的就业人口已经从 20 世纪 50 年代占总就业人口的 35% 下降了超过一半，且没有造成太多的社会动荡。但在日本或德国等国家，期望同样平稳的转型可能太乐观了，这些国家的制造业蓝领数量仍占总就业人口的 25% ～ 30%。

作为财富和生计来源的农业，其地位不断下降，导致农业保护主义发展至第二次世界大战前无法想象的程度。以同样的方式，制造业地位的下降会导致制造业保护主义的兴起——尽管人们口头上仍然承诺开展自由贸易。制造业保护主义不一定采取传统的关税形式，而可能采取补贴、配额、规制等形式。更有可能出现的情况是，对内实行自由贸易、对外实行高度保护主义的区域集团日益兴起，欧盟、北美自由贸易区、南方共同市场已经表明了该趋势。

从统计上看，现如今跨国企业在世界经济中扮演的角色几乎与 1913 年时相同，但其本身已经变得与 1913 年时截然不同。1913 年的跨国企业都是设有外国子公司的国内公司，子公司可以自足，负责一定政治区域内的业务，享有高度自治权。当今的跨国企业往往在全球范围内根据产品线或服务线加以组织，但如同 1913 年的跨国企业，它们根据所有权结合在一起，受到所有权的控制。相比之下，2025 年的跨国企业很可能会根据战略结合在一起，受到战略的控制。当然，所有权仍将存在，但联盟、合资企业、少数股权、技术协议、合约等会日渐成为企业邦联㊀的基石。这种组织将需要一种新型最高管理层。

在多数国家，甚至在大量结构复杂、规模庞大的企业，最高层管理仍然被视为经营管理的延伸。然而，未来的最高管理层可能成为独特的、独立的器官：它将代表企业。未来大型企业（尤其是跨国企业）最高管理层最重要的工作之一将是平衡各业务对长期和短期成果的需求之间存在的冲突性要求，以及平衡企业不同支持者群体（客户、股东（尤其是机构投资者和养老基金等）、知识工作者、社区）之间的冲突性要求。

基于上述背景，本文将尝试回答下列两个问题：现在管理层能够且应该做什么才能为新社会做好准备？我们尚未意识到哪些重大变化？

到 2030 年，世界第三大经济体德国的 65 岁以上人口将占成年人口的近一半，而目前仅占 1/5。除非德国的总和生育率从当前非常低的 1.3 有所恢复，否则到 2030 年，德国的人口将从现在的 8200 万下降至 7000 ～ 7300 万。正值工作年龄的人口数量将下降 1/4，从 4000 万下降到 3000 万。

德国的情况远非特殊。世界第二大经济体日本的人口将在 2005 年达到峰值，约为 1.25 亿。根据更为悲观的政府预测数据，到 2050 年，日本总人口将减少至约 9500 万。在那之前的 2030 年左右，日本 65 岁以上人口将大约占成年人口的一半，并且日本的总和生育率同德国一样，已经下降到了 1.3。

其他多数发达国家（意大利、法国、西班牙、葡萄牙、荷兰、瑞典）以及许多新兴国家的数据基本相同。在一些地区，如意大利中部、法国南部、

㊀ 邦联（confederations），主权国家为共同目的而建立的永久联盟，成员国的地位彼此平等，且保留各自的军队和外交，但邦联往往缺乏有效的行政权力，德鲁克用来类比由相对独立的企业构成的联盟。——译者注

西班牙南部，总和生育率甚至比德国或日本更低。

300 年来，人口预期寿命（以及随之而来的老年人口数量）一直在稳步提高，但年轻人口数量的下降是一个新现象。迄今为止，唯一避免了这种状况的发达国家是美国。但即使在美国，总和生育率也远低于世代更替水平，而且在未来 30 年，老年人口在成年人口中的比例将急剧上升。

所有这些都意味着，赢得老年人口的支持将成为每个发达国家政界的当务之急。养老基金已经成为一个常规选举议题。围绕移民能否维持人口和劳动力数量的争论越来越多。这两个议题正逐步改变每个发达国家的政治格局。

最迟到 2030 年，所有发达国家开始领取全额退休福利的年龄将提高到 70 多岁，健康退休人员的福利将大大低于当前水平。事实上，为防止工作人口的养老金负担变得难以承受，身体和精神状况良好的老人可能将不再按固定年龄退休。已经参加工作的年轻人和中年人怀疑，当他们到了传统的退休年龄时，可能将没有足够的养老金用来分配。但各国的政治人物仍在假装他们能够拯救当前的养老金系统。

移民肯定会成为一个更加令人争论不休的议题。位于柏林的备受尊敬的德国经济研究所[㊀]估计，到 2020 年，德国将不得不每年输入 100 万正值劳动年龄的移民才能维持所需的劳动力数量。其他富裕的欧洲国家面临同样的处境。而在日本，人们正在探讨每年引进 50 万韩国人，并在 5 年后送他们回国。对所有大国（除了美国）而言，如此大规模的移民显然史无前例。

上述议题产生的政治影响已经开始显现。1999 年，欧洲各国对排外的右翼政党在奥地利选举中获胜感到震惊，该党的主要诉求在于禁止移民。[㊁]

㊀ 德国经济研究所（DIW），德国的一家经济研究机构，始创于 1925 年，主要从事基础研究并提出政策建议。——译者注

㊁ 在 1999 年奥地利国民议会选举中，极右翼的奥地利自由党成为第二大党，得以与人民党共同组阁，此举遭到欧洲各国反对。——译者注

类似的运动也在比利时荷语区、传统上奉行自由主义的丹麦以及意大利北部日益兴起。即使在美国，移民问题也在扰乱长期以来的政治阵营。美国工会对大规模移民的反对立场促使其加入了反全球化阵营，并促使其在1999年世贸组织西雅图会议期间组织了暴力抗议活动。未来的民主党总统候选人可能不得不在两种情况中做出选择：一是通过反对移民争取工会的选票，二是通过支持移民换取拉丁裔和其他新移民的选票。同样，未来的共和党总统候选人可能不得不在支持大力引进移民的商界和日益反对移民的白人中产阶级之间做出选择。

即便如此，未来数十年内美国的移民经验应该会使其在发达国家中处于领先地位。自20世纪70年代以来，美国一直在吸纳大量合法或非法移民。多数移民都是年轻人，而且第一代移民妇女的生育率往往高于全国水平。这意味着，在未来三四十年中，美国的人口增速尽管会放缓，但仍将持续增势，而其他发达国家的人口数量将会下降。

但给美国带来优势的因素不仅仅是人口数量。

更重要的是，美国文化已经与移民相协调，美国在很早以前就学会了如何让移民融入美国社会与经济。事实上，新移民（不论是西班牙裔还是亚裔）可能会以更快的速度融入主流社会。据报道，约1/3西班牙裔新移民同非西班牙裔的非移民结婚。美国公立学校的糟糕绩效是妨碍新移民快速融入美国主流社会的一大障碍。

在发达国家中，只有澳大利亚和加拿大存在同美国类似的移民传统。日本向来把外国移民（除了20世纪二三十年代进入日本的大批韩国移民）拒之门外，并且移民的后代依然会受到歧视。19世纪的大规模移民要么进入无人居住的荒原（如美国、加拿大、澳大利亚、巴西），要么限于一国内部从农村进入城市。

相比之下，21世纪的移民是国籍、语言、文化、宗教等方面都不同的外国人进入已有人定居的国家。迄今为止，欧洲国家在融合新移民方面尚不够成功。

人口结构变化的最严重后果可能是导致向来同质的社会和市场碎裂。直到 20 世纪二三十年代，每个国家都有多样的文化和市场。各国内部不同阶级、职业、居住地的差别非常大。以“乡村市场”[㊀]和“上等交易”[㊁]为例，两者在 20 世纪 20 年代至 40 年代都消失了。自从第二次世界大战以来，所有发达国家都只有一种大众文化和大众市场了。所有发达国家的人口状况都在朝相反方向发展，那么上述同质化还能持续吗？

发达国家的市场潮流向来会被年轻人的价值观、习惯与偏好主导。在过去的半个世纪中，一些最成功、最赚钱的企业（如美国的可口可乐、宝洁，英国的联合利华，德国的汉高）得以繁荣发展，在很大程度上要归功于年轻人口的增长和较高的家庭形成率。该时期汽车业的情况同样如此。

现在有迹象表明，市场正在分裂。在过去 25 年中美国增长最迅速的行业或许是金融服务业，现在该行业已经分裂。20 世纪 90 年代的泡沫市场及日间交易极为火爆的高科技股票，主要是 45 岁以下的人投身其中。但投资市场（如共同基金或递延年金）中的客户往往超过 50 岁，并且该市场也在迅速成长。在所有发达国家，面向已受过良好教育的成年人的继续教育行业可能增长迅速，该行业立足于同年轻人文化格格不入的价值理念。

我们可以设想，若干年轻人市场将变得极为有利可图。据报道，在中国的沿海城市，中产家庭现在花在一个孩子身上的钱，比以前花在四五个孩子身上的钱还多。日本家庭似乎同样如此。许多美国中产家庭用在独生子女身上的教育支出数额巨大，主要是由于搬迁到了配备优质学校的昂贵市郊社区。这种新型年轻人奢侈市场与过去 50 年的同质性大众市场有很大不同。

㊀ “乡村市场”(farm market)，指当地农民直接向消费者出售农产品的市场。——译者注

㊁ “上等交易”(carriage trade)，指与富裕阶层或上等阶层做交易。——译者注

由于步入成年的年轻人数量下降，原先的大众市场正在迅速萎缩。

未来无疑会出现两种截然不同的劳动力，分别由50岁以下和50岁以上的人构成。这两种劳动力在需求、行为、工种方面可能存在差异。年轻群体需要一份有稳定收入的固定工作或至少持续的全职工作。人数迅速增加的老年群体将面临更多选择，他们将能够以最适合自身的比例把传统工作、非传统工作与休闲养老结合起来。

分裂为两支劳动力队伍可能始于掌握知识的女性技术人员。护士、计算机技术人员、律师助理可以拿出15年时间照顾孩子，然后重返全职工作岗位。在美国，接受过高等教育的女性人数超过男性，越来越多的女性在新兴的知识技术领域求职。这种工作在人类历史上第一次很好地适应了育龄妇女的特殊需要，也适应了她们日益延长的寿命。寿命延长也是就业市场出现分裂的原因之一。

对于一种工作来说，人类历史上前所未有的50年工作年限太长了。

就业市场出现分裂的第二个原因是各类企业和组织的预期寿命缩短。在以往，作为雇主的组织的寿命比雇员的工作年限长。在未来，雇员（尤其是知识工作者）的工作年限甚至会越来越比成功组织的寿命长。很少有企业（以及政府机构或项目）能持续运营超过30年。从历史上看，由于体力劳动者的身体被累垮，所以大多数雇员的工作年限不到30年，但20多岁进入职场的知识工作者在50年后可能依然保持良好的身体和精神状态。

“第二职业”和“人生下半场”已经成为美国的流行词。越来越多的雇员在达到传统退休年龄后，只要确保可获得养老金和社会保障权利，就会提前退休，但不会停止工作。他们的“第二职业”往往采取非传统形式，可能成为自由职业者（并且经常忘记向收税员汇报自己的新工作，因而增加了净收入）、兼职者、“临时工”、外包商或者承包商。这种“提前退休但继续工作”模式在知识工作者中尤为普遍，在已经达到 50 岁或者 55 岁的人群中，知识工作者仍然是少数，但到 2030 年左右，知识工作者将成为美国最大的老年人群体。

由于到 2020 年将要参加工作的人几乎都已经出生，所以能够确定无疑地预测未来 20 年的人口形势。但正如美国过去几十年的经验所显示的那样，人口趋势可能会突然发生意外变化，并造成相当直接的影响。例如，美国 20 世纪 40 年代末的婴儿潮[㊀]引发了 50 年代的房地产市场繁荣。

20 世纪 20 年代中期，美国经历了第一次“生育低谷”。1925 ～ 1935 年，美国的总和生育率下降了接近一半，低于 2.2 的世代更替水平。20 世纪 30 年代末，罗斯福总统的美国人口数量委员会（由美国最著名的人口学家和统计学家构成）自信地预测，美国人口数量将在 1945 年达到峰值，然后开始下降。但 20 世纪 40 年代末爆炸性增长的总和生育率证伪了这种观点。在 10 年内，美国的总和生育率从 1.8 翻番到 3.6。1947 ～ 1957 年，美国经历了一场惊人的婴儿潮，年新生婴儿数量从 250 万上升到 410 万。

后来的 1960 ～ 1961 年，情况刚好相反。第一波婴儿潮出生的孩子成年后，没有出现预期中的第二波婴儿潮，而是出现了生育低谷。1961 ～ 1975 年，美国的总和生育率从 3.7 下降到 1.8，年新生婴儿数量从 1960 年的 430 万下降到了 1975 年的 310 万。

20 世纪 80 年代末 90 年代初的“婴儿潮回声”也出乎意料。新生婴儿数量急剧增加，甚至超过了第一波婴儿潮巅峰年份的数量。事后看来，很明显此次回声是由 70 年代初开始的大规模移民引发的。当这些早期移民的女儿在 80 年代末开始有了自己的孩子时，其总和生育率仍然更接近父母的原籍国而不是美国。21 世纪的头 10 年，加利福尼亚州 1/5 学龄儿童的父母至

㊀ 婴儿潮（baby boom），是指人口出生率显著上升的现象，第二次世界大战结束后，多个国家出现该现象。据统计，1944 ～ 1961 年美国新生儿的数量超过 6500 万。——译者注

少有一位生于外国。

但没人知道是什么因素导致了两次生育低谷和20世纪40年代开始的婴儿潮。两次生育低谷都发生在经济形势良好的时期，从理论上讲，这应该会鼓励人们多生孩子。婴儿潮也不应该出现，因为从历史上看，在一场大战后总和生育率总是会下降。事实上，我们根本不知道是什么因素决定了现代社会的总和生育率。因此，人口结构不仅是新社会最重要的因素，也是最不可预测和最不可控制的因素。

100年前，发达国家劳动人口中体力劳动者占绝大多数，他们从事农务、家务、小工艺品制作、工厂劳动（当时仅有一小部分人）等。50年后，美国劳动人口中体力劳动者的比例下降了一半左右，工厂工人成为劳动人口中最大的群体，占总数的35%。如今又过了50年，美国劳动人口中体力劳动者的比例已经低于1/4。工厂工人仍占体力劳动者的大多数，但在劳动人口中的比例已下降到15%左右，基本上回落到100年前的水平。

在所有发达大国，美国劳动人口中工厂工人的比例最低。英国的情况差不多。日本和德国工厂工人的占比仍为1/4左右，但正在稳步下降。

在某种程度上，这涉及一个如何定义的问题。制造型企业（如福特汽车公司）的数据处理员被算为制造业雇员，但当该公司把数据处理业务外包时，从事完全相同工作的人就被算为服务业雇员。然而，我们对此不应做过多阐释。许多对制造型企业的研究表明，工厂工人数量的实际减少与全国统计的数据大致相符。

在第一次世界大战前，英语中甚至没有一个专门的词来形容那些靠体力劳动谋生的人。“服务工作者”这个词出现在20世纪20年代前后，但被证明具有误导性。现如今，在所有非体力劳动者中，只有不到一半的人实际上是服务工作者。在美国和其他所有发达国家，劳动人口中唯一迅速增长的群体是知识工作者，他们的工作需要在职者受过正规高等教育。该群体现在占美国劳动人口的 1/3，是工厂工人的 2 倍。再过 20 年左右，知识工作者可能会占所有富裕国家劳动人口的近 2/5。

“知识产业”“知识工作”“知识工作者”这些术语仅仅出现了 40 年。它们在 1960 年左右由不同的人独立提出，其中第一个来自普林斯顿大学经济学家弗里茨·马克卢普，第二个和第三个由我首创。现如今人人都在使用这些术语，但几乎没人理解它们对人类价值和行为的影响，对管理者实现卓有成效的影响，以及对经济和政治的影响。然而，已经非常清楚的是，新型知识社会与知识经济同 20 世纪后期的社会与经济大相径庭，具体包括以下几个方面。

整体来看，知识工作者是新型资本家。知识已成为关键资源，也是唯一的稀缺资源，这意味着知识工作者掌握生产资料。但知识工作者也是传统意义上的资本家。知识工作者通过养老基金和共同基金持有股份，已成为知识社会中许多大型企业的股东和所有者。

有效的知识是专业知识。这意味着知识工作者需要加入组织——一个汇集了大量知识工作者并把专业知识用于最终共同产品的集体。

在中学里，最有天赋的数学老师仅仅在作为教师中的一员时才能卓有成效。最杰出的产品开发顾问唯有在组织有序、能力高超的企业把相关建议落实为行动时才能卓有成效。就算最伟大的软件设计师也需要硬件制造商。反之，中学需要数学教师，企业需要产品开发顾问，个人计算机制造商需要软件设计师。因此，知识工作者自认为是专业人士而非雇员，与那些获得其服务的组织平起平坐。

知识社会是一个由资深人士与初入行的人士构成的社会，而不是由老板与下属构成的社会。

所有这些都对女性在劳动人口中扮演的角色具有重要影响。从历史上看，女性参与工作的情况与男性差不多。即使在 19 世纪的富裕阶层中，每天闲坐在客厅中的女士也是少数例外。家庭农场、工匠作坊、小商店必须由夫妇二人共同经营才能维持下去。直到 20 世纪初，医生在结婚前不能独立开业，因为他需要妻子帮忙进行预约、开门、记录病患的病史、发送账单等。

尽管女性一直在参与工作，但自古以来女性从事的工作不同于男性。有男性从事的工作，也有女性从事的工作。《圣经》中多次出现女性去井边打水的故事，但从未出现男性打水的故事，也没有出现过男性纺织工。而知识工作不分男女，这并非由于来自女权主义的压力，而是由于男女可以做得同样好。即便如此，最早的现代知识工作仍然分为专为男性设计的工作和专为女性设计的工作。作为一种职业的教学发明于 1794 年（即巴黎高等师范学校[一]成立的那一年），这被视为一种地道的男性工作。60 年后，在 1853 ～ 1856 年的克里米亚战争期间，南丁格尔[二]创立了第二种新型知识工作——护理，这被视为一种专门面向女性的工作。但到 1850 年，各国的教学都变成了男女皆可从事的工作。到 2000 年，美国护理学校中已有 2/5 的学生是男性。

直到 19 世纪 90 年代，欧洲国家才出现女医生。但据报道，最早获得医学博士学位的欧洲女性之一，伟大的意大利教育家玛丽亚・蒙台梭利[三]曾经说："我不是一名女医生；我是一名医生，只不过碰巧是女性。"同样的逻辑也适用于所有知识工作。知识工作者（无论性别）都是专业人员，运用相同的知识，做同样的工作，遵循同样的标准，根据同样的成果进行评价。

医生、律师、科学家、神职人员、教师等高级知识工作者都已经存在了很长时间，在过去的 100 年中，这些人的数量都呈指数级增长。然而，规模最庞大的知识工作者群体直到 20 世纪初才出现，在第二次世界大战后迅速

[一] 巴黎高等师范学校（École normale supérieure），成立于 1794 年，旨在为法兰西共和国培养一批受过启蒙运动批判精神的洗礼，赞成世俗价值的教授。——译者注

[二] 南丁格尔（Florence Nightingale，1820—1910），现代护理学先驱，克里米亚战争期间自愿到野战医院工作，大幅降低了非战斗死亡人数。——译者注

[三] 玛丽亚・蒙台梭利（Maria Montessori，1870—1952），意大利医生、教育家，创立了一套针对儿童教育的蒙台梭利教育法。——译者注

壮大。他们是掌握知识的技术人员，在某种程度上是熟练工人的后继者，其多数工作都需要运用双手，但薪资取决于通过正规教育而非学徒制获得的知识。这些人具体包括 X 光技术人员、理疗师、超声波专业人员、精神病个案工作者、牙科技师以及许多其他人。在过去的 30 年中，医学技术人员始终是英美两国劳动人口中增长最快的部分。

未来的二三十年中，计算机、制造、教育领域掌握知识的技术人员的数量可能会以更快的速度增长。律师助理等办公室技术人员的数量也会激增。以往的秘书迅速转变为助理，成为老板的办公室经理，这绝非偶然。二三十年后，掌握技术的专业人员将成为发达国家劳动人口的主导群体，其社会地位相当于 20 世纪五六十年代位于权力巅峰时期的工会工人。

关于这些知识工作者，最重要的一点是，他们不认为自己是工人，而认为自己是专业人员。他们中的许多人花费大量时间从事非技术性工作，如整理病床、接听电话、整理档案等。然而，在他们自己和公众心目中使他们区别于其他群体的是其工作的一部分，即把正规知识用于工作。这导致他们成了全面发展的知识工作者。

这些人的主要需求有两个：一个是使他们得以从事知识工作的正规教育，另一个是工作生涯中使知识得以更新的继续教育。对于医生、牧师、律师等传统的掌握高级知识的专业人员而言，正规教育已经存在了许多个世纪。但对于掌握知识的技术人员而言，目前只有少数国家提供系统性的、有组织的准备工作。在未来几十年中，所有发达国家和新兴国家培养掌握知识的技术人员的教育机构都将迅猛增长，就像过去总会出现满足新需求的新机构一样。这次的不同在于，需要对已经受过良好培训且掌握高深知识的成年人进行继续教育。传统上，当人们参加工作后，学校教育就终止了。但在知识社会，学校教育将永无止境。

知识不像传统技能，后者的变化非常缓慢。西班牙巴塞罗那附近的一个博物馆收藏了大量罗马帝国晚期熟练工匠使用的工具，当今的工匠一眼就能够认出这些工具，原因是它们与现在使用的工具非常相似。因此，从技能培训的角度来看，我们有理由假设，当时人们在十七八岁前学到的技能将会终身受用。

相反，知识很快就会过时，知识工作者不得不定期返回学校接受继续教育。因此，受过高等教育的成年人的继续教育将成为新社会发展迅猛的领域。但大部分继续教育将以非传统方式开展，如周末研讨会、在线培训项目等，地点也会多种多样，既可能在传统的大学里，也可能在学生家里。信息革命预计将对传统的学校和大学产生巨大影响，并可能对知识工作者的继续教育造成更大影响。

各类知识工作者都会对所掌握的知识产生认同。他们的自我介绍往往是“我是一名人类学家”或者“我是一名理疗师”。他们可能以自己所在的组织（企业、大学、政府机构）为荣，但他们只是“在这个组织中工作”，而不是“属于这个组织”。相较于同一个组织中不同专业领域的同事，他们自认为与另一个组织中专业相同的人员有更多共同点。

尽管知识成为一种关键资源意味着知识越来越专业化，但知识工作者在自身的专业领域内具有高度的流动性。只要能在相同的知识领域开展工作，他们就会毫不犹豫地转换至另一所大学、另一家企业、另一个国家。很多人都在谈论如何恢复知识工作者对所在组织的忠诚，但这种努力注定不会有任何结果。知识工作者可能对一个组织有感情，可能在该组织中感到舒适，但他们忠诚的主要对象更可能是自己的专业领域。

知识没有等级，只有是否适合特定情境。一名心脏直视外科医生的收入可能比言语治疗师高得多，社会地位也高得多，然而在需要对中风患者进行康复治疗的情况下，言语治疗师的知识要比外科医生的知识有用得多。这就是为什么各类知识工作者不认为自己是下属，而认为自己是专业人员，并期望被作为专业人员来对待。

对于知识工作者和其他任何人来说，金钱都非常重要，但知识工作者不把金钱作为最终标准，也不认为金钱可以替代专业绩效和成就。形成鲜明对比的是，对以往的工人来说，工作首先是生计；对多数知识工作者来说，工作首先是生活。

知识社会是人类第一个向上流动潜力无限的社会。由于知识不能继承或遗赠，所以不同于所有的其他生产资料。每个人都必须从头学习知识，每个人都必须从全然无知的起点开始。

知识必须以能够传授的形式出现，这意味着知识必须具有公共性。知识总是普遍可得，或者很快就可以实现这一点。所有这些都使得知识社会成为一个具有高度流动性的社会。在学校中，任何人都可以通过系统性学习而不是给师傅做学徒掌握想要的知识。

直到 1850 年，甚至可能直到 1900 年，当时出现过的所有社会都几乎没有流动性。印度的种姓制度是一个极端例子，个人的出身不仅决定了相应的社会地位，还决定了未来的职业。在多数其他社会中，如果一位父亲是农民，那么他的儿子长大后也是农民，他的女儿则将嫁给农民。总体来看，这些社会中唯一的流动是向下的，这由战争、疾病、个人的不幸、酗酒、赌博等造成。

即使在机会无限的美国，当时向上流动的程度也远远不如人们通常认为的那么高。在 20 世纪上半叶的美国，绝大多数专业人员和管理者依然是专业人员和管理者的后代，而不是出身于农民、小店主或工人家庭。同大多数欧洲国家形成鲜明对比的是，美国的与众不同之处不在于向上的流动性，而在于流动性受到欢迎、鼓励和珍视的方式。

知识社会对向上流动的认可要高得多，把向上流动遇到的每种障碍都视为一种歧视。这意味着现在人人都被期望取得成功，该想法在前几代人看来简直荒谬透顶。显然，只有少数人能够获得杰出的成功，但预计会有大量人获得足够的成功。

1958 年，约翰·加尔布雷斯首次出版《丰裕社会》。在他的笔下，这不是一个富人更多的社会，也不是一个富人更富的社会，而是一个多数人在经济上感到安全的社会。在知识社会中，很多人（甚至可能是多数人）拥有比经济安全更重要的东西，即社会地位或“社会丰裕”。

然而，知识社会的向上流动付出了高昂代价：激烈竞争带来的心理压力和情感创伤。有人成功就有人失败。但是，以前的社会并非如此。

佃农的儿子成为佃农，这本身并非一种失败。然而，在知识社会中，这不仅是个人的失败，也是社会的失败。

日本孩子会为通过考试而通宵达旦地死记硬背，所以普遍睡眠不足。不这么做，他们将无法进入心仪的名牌大学，将来难以找到好工作。这种压力导致了对学习的厌恶。因为只有富裕的父母才能负担得起孩子上大学的费用，所以这可能破坏日本人珍视的经济平等，把日本转变为一个财阀统治的国家。美国、英国、法国等其他国家的学校也变得更具竞争性了。这发生在如此短暂的时间内（不多于三四十年），表明对失败的恐惧已经渗透到知识社会中。

在激烈的竞争中，越来越多的非常成功的知识工作者（如企业经理、大学教师、博物馆馆长、医生等）都在 40 多岁时变得“停滞不前”。他们知道自己已经得到了能得到的一切。如果此时他们除了工作之外别无其他，那么往往会陷入困境。因此，知识工作者需要发展（最好是在年轻时期就开始发展）自己的非竞争性生活和社区，可以作为在当地乐团演奏或积极参与乡镇地方政府事务的社区志愿者，培养若干严肃的业余爱好。这种业余爱好会给他们提供做出贡献和取得成就的机会。

在 20 世纪的最后几年，钢铁业最大的单一产品（热轧卷材，即用于汽车车身的钢材）在世界市场上的价格从每吨 460 美元跌至每吨 260 美元。然而，这是美国和欧洲多数国家的繁荣年份，汽车产量达到创记录水平。钢铁业的经历是整个制造业的缩影。1960 ～ 1999 年，制造业在美国 GDP 以及总就业中的份额几乎减少了一半，降至 15% 左右。然而同样在这 40 年中，制造业的实际产出可能增至原先的 3 倍。1960 年，制造业是美国经济的核心，也是所有其他发达国家经济的核心。2000 年，制造业对 GDP 的贡献已被金融部门轻松超越。

制造业产品的相对购买力（经济学家称之为“贸易条件”㊀），在过去的 40 年中下降了 3/4。尽管根据通胀率调整后的制造业产品价格下降了 40%，但医疗保健和教育这两种主要知识产品的价格上涨速度是通胀率上升速度的 3 倍。因此，在 2000 年购买主要知识产品所需的制造业产品数量，增长到了 40 年前的 5 倍。

制造业工人的购买力也下降了，但下降幅度小于制造业产品的相对购买力。根据实物产出衡量，制造业工人的生产率已经大幅提高，所以他们实际收入的大部分得以保留。40 年前，制造业的劳动力成本通常占总成本的 30% 左右，现在已经下降到 12% ～ 15%。即使在劳动密集程度最高的工程行业（汽车业），最先进的工厂的劳动力成本占比也已经不超过 20%。制造业工人（尤其在美国）已经不再是消费市场的支柱。在美国铁锈地带㊁危机最严重的时候，大量制造业中心的就业岗位被无情地裁减，但全国的消费品销售额几乎没有发生变化。

改变制造业并大幅提高生产率的因素是新理念。信息化和自动化的重要性都不如新生产理论，后者堪比 80 年前的大规模生产理论。事实上，其中

㊀ 贸易条件（terms of trade），不同商品价格之间的关系，具体取决于相关商品的供求状况。——译者注

㊁ 铁锈地带（Rust Belt），美国北部五大湖附近地区，曾经以钢铁等重工业闻名，20 世纪 80 年代以来工业衰退、人口减少、城市衰败。——译者注

一些理论（如丰田的精益生产[⊖]）并不强调机器人、计算机和自动化设备。一个被广泛报道的例子是，丰田公司使用从超市购买的6台吹风机代替了自动化的、计算机化的油漆烘干流程。

制造业的演变轨迹与之前农业的演变轨迹完全相同。从1920年开始，所有发达国家的农业产量都迅速增长并在第二次世界大战结束后进一步加速。第一次世界大战前，许多西欧国家不得不进口农产品。现如今只有一个农产品净进口发达国家，即日本。每个欧洲国家都有大量难以销售的剩余农产品，且数量还在不断增长。当今多数发达国家（除日本外）的农业产量可能至少是1920年的4倍，是1950年的3倍。但在20世纪初，在多数发达国家，农民是劳动人口中规模最大的群体，而现在农民仅占不超过3%或5%。尽管在20世纪初农业是多数发达国家国民收入的最大贡献者，但在2000年，农业仅为美国GDP贡献了不到2%的份额。

制造业不可能像农业那样增加产量，也不可能作为财富和就业的创造因素急剧缩减。但最可信的预测显示，到2020年，发达国家制造业的产出至少将会翻番，而制造业就业人数的比例将缩减至劳动人口的10%～12%。

在美国，很大程度上这种转型已经完成，并且造成的混乱微乎其微。唯一遭受重创的群体是非裔美国人，第二次世界大战后制造业岗位的增加大幅改善了他们的经济状况，但现在大部分此类岗位都消失了。总体而言，即使在严重依赖少数几个大型制造业工厂的地区，失业率攀升也只是暂时现象，甚至对美国政治的影响也不大。

其他工业国家是否也能如此轻松地转型呢？在英国，尽管制造业就业人数大幅下降似乎造成了一定的社会和心理问题，但并未造成任何社会动荡。但德国或法国等国的劳动力市场仍然具有非常强的刚性，且直到最近都几乎

⊖ 精益生产（lean manufacturing），源自丰田生产体系（TPS）的一套系统性生产方法，强调为终端消费者创造经济价值。——译者注

不能通过教育实现向上流动，这些国家的转型会带来什么后果？例如，在德国的鲁尔区和法国里尔附近的老工业区，失业率已经非常高并且似乎难以解决。两国可能会经历一个充满严重社会动荡的痛苦转型时期。

最不确定的国家是日本。毫无疑问，日本没有所谓的工人阶级文化，日本人长期高度重视教育，并将其作为向上流动的渠道。日本的社会稳定立足于完善的就业保障体系，尤其是大规模制造业中的蓝领的就业保障体系，但这种就业保障体系正在迅速消失。然而，在 20 世纪 50 年代为蓝领引入就业保障体系之前，日本一直是一个劳动力极度不稳定的国家。日本制造业就业人数在劳动人口中的比例（约 1/3）仍然高于几乎任何其他发达国家，并且日本几乎没有劳动力市场，人员很少流动。

日本也是最没有对制造业衰退做好心理准备的国家。毕竟，20 世纪下半叶日本作为经济强国的崛起要归功于其全球领先的制造业。但我们永远不应低估日本人。纵观日本历史，在正视现实并极速做出改变方面，日本人表现出无与伦比的能力。制造业是日本经济成就的关键，其衰退导致日本面临有史以来最艰巨的挑战之一。

作为财富和就业创造因素的制造业，其衰退改变了世界的经济、社会与政治格局，导致发展中国家越来越难以实现“经济奇迹”。20 世纪下半叶的经济奇迹（日本、韩国、中国台湾、中国香港、新加坡）立足于向世界上最富裕的国家出口制造业产品，这些产品采用发达国家的技术和生产设施进行制造，并由新兴国家或地区提供劳动力。这种方式将不再有效。促进经济发展的一种方法可能是把某个新兴国家或地区的经济纳入一个发达地区，这正是墨西哥总统维森特·福克斯[㊀]设想的“北美”（即美国、加拿大、墨西哥）全面一体化。这在经济上很有道理，但在政治上几乎不可想象。另一种选择

㊀ 维森特·福克斯（Vicente Fox，1942—），墨西哥政治人物、商人，2000 ～ 2006 年任墨西哥总统。——译者注

（中国正致力于此）是通过开发发展中国家的国内市场来促进经济增长。印度、巴西、墨西哥也有足够多的人口，至少在理论上可以实现以其国内市场为基础的经济增长。但巴拉圭、泰国等较小的国家会得到允许向巴西等大国的新兴市场出口产品吗？

作为财富和就业创造因素的制造业，其衰退将不可避免导致一种新的保护主义，这将重复先前在农业领域发生的情况。在20世纪，农产品价格和农业就业人口每下降1%，包括美国在内的所有发达国家的农业补贴和保护措施就会至少增加1%，甚至更多。农业选民越少，"农业选票"越重要。随着数量的缩减，农民已经成为一个紧密的特殊利益集团，在所有富裕国家都拥有不成比例的影响力。

尽管采取补贴而不是传统关税的形式，但制造业保护主义已经非常明显。欧盟、北美自由贸易区、南方共同市场等新区域经济集团的确建立了内部壁垒较低的大型区域市场，同时对区域外的厂商设置较高壁垒以自我保护。各种非关税壁垒不断增加。就在美国媒体公布钢板价格下跌40%的同一周，联邦政府以"倾销"为由禁止了钢板进口。无论目标多么值得称赞，发达国家所坚持的发展中国家应为制造商制定公平的劳动法和适当的环境法规的主张，终究会对从发展中国家进口产品造成巨大阻碍。

在政治领域，制造业工人的数量越少，影响力反而会越大，在美国尤其如此。在去年的总统选举中，工人选票之所以比四五十年前更加重要，恰恰是由于工会会员的数量在有投票权人口中的比例已经小得多。由于工人们感受到了威胁，所以团结在一起。几十年前，相当一部分美国工会会员把选票投给共和党，但在去年的选举中，超过90%的工会会员把选票投给了民主党（尽管民主党候选人仍然输了）。[⊖]

⊖ 此处是指2000年美国总统选举，最终共和党总统候选人小布什战胜了民主党总统候选人戈尔。——译者注

100多年来，美国工会向来是自由贸易的坚定支持者，至少他们嘴上这么说。在过去几年中，工会变成了坚定的贸易保护主义者，并宣称是“全球化”的敌人。无论如何，制造业面临的真正威胁不是国外企业的竞争，而是其自身作为就业岗位创造因素在迅速衰落：制造业的产量上升了，而就业人数下降了。不仅工会会员对此表示难以理解，政治人物、记者、经济学家、广大公众也都对此表示难以理解。多数人仍然认为，当制造业就业人数下降时，美国的制造业基础会遭到侵蚀，所以必须得到保护。因为史无前例，所以他们很难理解，社会和经济不再以体力劳动为主导，一个国家可以靠很少一部分人从事体力劳动来满足民众的衣食住行等需求。

推动新保护主义的因素，不仅有经济自利与政治权力，还有怀旧情绪和根深蒂固的情感。然而由于“保护”老工业不可能奏效，所以保护主义将一事无成。这是来自70多年来的农业补贴政策的重大教训。自从20世纪30年代以来，美国投入了数不胜数的资金种植玉米、小麦、棉花，这些传统作物的收成都非常糟糕，而未受保护且没有补贴的新作物大豆的收成却很好。教训显而易见：花钱让传统行业留住冗员的政策只会造成伤害。但无论花多少钱，都应该继续补贴失业工人，再培训或重新安置年轻工人。

自从1870年现代企业诞生以来，在多数时间里，人们认为以下六项基本假设是不言而喻的。

（1）企业是“主人”，雇员是“仆人”。因为企业拥有雇员赖以谋生的生产资料，所以雇员对企业的需要超过企业对雇员的需要。

（2）绝大多数雇员都是某组织的全职员工。他们的薪资是唯一的收入，并成为他们的生计来源。

（3）生产某种产品最有效的方法是把相关活动交给一个管理层负责。

直到第二次世界大战后，英国经济学家罗纳德·科斯[㊀]才发展出支撑该假设的基础理论，认为把相关活动集中到一家企业可以降低交易费用，尤其是沟通成本（科斯因此获得了1991年的诺贝尔经济学奖）。但早在七八十年前，该观点就已被约翰·洛克菲勒发现并付诸实践了。洛克菲勒发现，把勘探、生产、运输、精炼、销售整合为一个企业可以实现效率最高、成本最低的石油经营。基于这种见解，洛克菲勒建立了标准石油托拉斯，这可能是商业史上最赚钱的大型企业。20世纪20年代初，亨利·福特把这种理念发扬到了极致。福特汽车公司不仅生产和组装汽车的所有部件，还生产钢铁、玻璃和轮胎，在亚马孙地区开辟橡胶种植园，拥有并经营向工厂运送物资和成品汽车的铁路，甚至对福特汽车的销售和服务进行最终规划（尽管从未实现过）。

（4）供应商（尤其是制造商）拥有市场力量，因为它们掌握关于产品和服务的信息，而消费者缺乏、不能掌握这些信息，并且如果消费者信任某品牌，那么他们就不需要这些信息。这就解释了品牌的盈利能力。

（5）任何特定的技术仅属于一个行业，反之，任何特定的行业都只采用一种技术。这意味着炼钢所需的全部技术都是钢铁业特有的，用于炼钢的任何技术都来自钢铁业本身。造纸业、农业、银行业、贸易业等行业同样如此。

工业研究实验室的建立恰恰立足于该假设，最早是1869年在德国建立

㊀ 罗纳德·科斯（Ronald Coase，1910—2013），英国经济学家，提出“科斯定理”。他在1937年发表论文《企业的本质》，从交易费用角度解释企业的规模，所以原文此处论述有误，“第二次世界大战后”应为“第二次世界大战前”。——译者注

的西门子实验室，最后是 1952 年在美国建立的 IBM 公司实验室（最后一家大型传统实验室）。这些实验室都专注于研究某一行业所需的技术，并且都认为自己的发现会用于该行业。

（6）同样，人人理所当然地认为每种产品或服务都有特定的用途，而每种用途都需要特定的产品或材料。所以，啤酒和牛奶只能装在玻璃瓶里出售，汽车车身只能用钢材制造，商业银行只能通过商业贷款为企业提供营运资金，等等。因此，竞争主要发生于一个行业内部。总体而言，一家企业的业务是什么，市场在哪里，这些都是显而易见的。

在整整一个世纪里，上述假设中的每一项都是有效的，但从 20 世纪 70 年代开始，每一项都被推翻了。相应的新假设如下。

（1）生产资料是知识，知识属于知识工作者，并且非常容易移动。这同样适用于从事研究的科学家等高级知识工作者，以及理疗师、计算机技术人员、律师助理等掌握知识的技术人员。知识工作者提供资本不亚于金钱提供者提供金钱，双方相互依赖，这导致知识工作者成为平等的伙伴或合伙人。

（2）许多雇员（或许是大多数）仍然从事全职工作，薪资是唯一的或主要的收入来源，但越来越多的为某个组织工作的人不再是全职员工，而是兼职人员、临时工、顾问或承包商。即使在那些有全职工作的人当中，也有大量且不断增加的人可能不是他们工作所在组织的雇员，而是某家承包商的雇员。

（3）交易费用的重要性有限。亨利·福特的业务庞杂的福特汽车公司难以管理，最终酿成了一场灾难。现如今，企业应进行最大限度一体化的传统公理几乎完全失效了，一个原因是任何活动所需的知识已变得高度专业化。

因此，对于企业的每项主要业务而言，保持足够的群聚效应[⊖]的成本越来越高，也越来越困难。除非知识不断得到应用，否则就会迅速过时，所以若组织保持一项断断续续的业务，那么该业务一定难以取得卓越绩效。

（4）不再需要最大限度一体化的第二个原因是，通信成本急剧下降，甚至变得微不足道。

这种下降早在信息革命之前就已经开始了，或许最主要的原因是商业素养的普遍提高。当洛克菲勒建立标准石油托拉斯时，甚至难以找到懂得最基本的记账工作或听说过最常用的商业术语之人。当时尚没有任何商业教科书或商业课程，所以相互理解的交易费用非常高昂。60 年后的 1950 年或 1960 年，标准石油托拉斯之后的大型石油公司可以自信地认为，资深员工们都具备足够的商业素养。

迄今为止，新的信息技术（互联网和电子邮件）实际上已经消除了通信所需的物理成本。这意味着组织使某项业务最富有成效、最有利可图的方式就是解构。

这种方式正在扩展至越来越多的业务。把组织的信息技术、数据处理、计算机系统等业务外包已成为惯例。20 世纪 90 年代初，多数美国计算机企业（如苹果公司）甚至把硬件生产外包给日本或新加坡的制造商。到 20 世

⊖ 群聚效应（critical mass），又称临界质量，是一个社会动力学名词，用来描述在社会系统里某件事情的存在已达足够的动量，使社会系统能够自我维持，并为后续的成长提供动力。——译者注

纪 90 年代末，作为回报，几乎所有日本消费电子企业都把面向美国市场的产品制造外包给美国合同制造商。

在过去的几年中，超过 300 万美国工人的全部人事关系管理（包括雇用、解雇、培训、发放福利等）都被外包给了专业的雇员组织。10 年前，这种组织几乎不存在，而现在其数量正以每年 30% 的速度增长。它们最初面向中小公司（其中最大的企业欢腾公司[一]成立于 1998 年），现在已为许多**《财富》500 强**企业管理人事关系，包括英美石油巨头 BP 阿莫科公司[二]和计算机制造商优利公司[三]。根据麦肯锡公司[四]的一项研究，以这种方式外包人事关系管理可以节省 30% 的成本，同时还能提高雇员的满意度。

（5）现如今，客户掌握信息。迄今为止，互联网还缺乏类似于电话簿的功能，无法帮助用户便捷地找到想要的信息，用户仍然需要筛选和搜索。但信息位于网络中的某处角落，收费的搜索公司正迅速发展壮大。信息就是力量。因此，权力正转移到客户企业或最终的消费者手中。具体而言，这意味着供应商（如制造商）将不再是卖方，而是成为客户或消费者掌握的信息的买方。这已经正在发生。

通用汽车公司仍然是世界上规模最大的制造商，也是多年来最成功的销售组织，去年，该公司宣布成立一个主要的业务部门，旨在从最终的汽车消费者那里购买信息。尽管该部门由通用汽车公司全资所有，但不仅购买关于

㊀ 欢腾公司（Exult），美国企业，由吉姆·马登创立，总部位于加利福尼亚州，提供人力资源和业务流程外包服务。——译者注

㊁ BP 阿莫科公司（BP Amoco），1998 年 12 月由英国石油公司（BP）与阿莫科公司合并组建，2001 年改名为英国石油公司。——译者注

㊂ 优利公司（Unisys），美国计算机企业，1986 年组建，总部位于宾夕法尼亚州。——译者注

㊃ 麦肯锡公司（McKinsey & Company），世界著名管理咨询公司，1926 年由芝加哥大学会计学教授詹姆斯·麦肯锡创立，旨在将会计原则应用于管理。——译者注

通用旗下汽车的信息，也购买任何最符合消费者偏好、价值观、价格的汽车信息和模型信息。

（6）现在很少有专属技术了。某行业所需的知识越来越多地来自一些完全不同的领域，而本行业的相关人员往往对此不熟悉。

电话行业的人对玻璃纤维电缆一无所知。

玻璃纤维电缆由康宁公司[一]开发。信用卡和商业票据已经改变了美国的金融体系，这两者都不是来自传统银行的。第二次世界大战以来，在成效最突出的伟大研究实验室贝尔实验室[二]创造的重要发明中，有一半以上用于电话行业以外的其他领域。

过去50年中，贝尔实验室最重要的发明是晶体管，它创造了现代电子产业。但当时实验室认为这款革命性的新产品用处不大，以至于几乎白送给了任何想要的企业，无意中帮助索尼公司及其他日本企业进入了消费电子行业。

研究主管和高技术行业的实业家倾向于认为，企业拥有的研究实验室（19世纪引以为豪的发明）现在已经过时了。这就解释了为什么一项业务的发展与成长不再局限于企业内部，而是通过与不同行业中掌握不同技术的机构通过伙伴关系、合资企业、联盟、少数参与、专有技术协议来实现。50年前尚不可想象的事现在越来越普遍：性质完全不同的机构缔结联盟，如营利性企业与大学院系的联盟、城市 / 州政府与企业的联盟（签约由企业提供特定服务，如清扫街道或管理监狱）。

[一] 康宁公司（Corning），1851年由艾莫利·霍顿创办，主营特种玻璃、陶瓷等，2007年与乔布斯合作开发iPhone，是苹果公司的主要供应商。——译者注

[二] 贝尔实验室（Bell Labs），1925年美国电话电报公司收购西方电子公司的研究部门后成立，双方各拥有50%股权。——译者注

实际上，任何产品或服务都不再有单一的特定最终用途、应用或市场。商业票据与银行的商业贷款展开竞争。纸板、塑料、铝与玻璃在瓶装市场竞争。玻璃正在取代电缆中的铜。钢铁与木材、塑料竞争，后二者向来是美国新建独栋房屋的支架材料。递延年金与传统的人寿保险竞争，但反过来，保险公司而不是金融服务机构正在成为商业风险管理者。

因此，一家“玻璃企业”可能必须根据擅长的领域而不是以往的专门材料领域重新进行自我定位。

世界上最大的玻璃制造商之一康宁公司已出售利润丰厚的传统玻璃产品业务，转型为全球最大的高科技材料生产商和供应商。美国最大的制药企业默克公司开展了多元化经营，从生产药品到批发各类医药产品，其中多数产品并非由默克公司制造，甚至许多产品由对手企业生产。

同样的现象也出现在经济体系中的非营利部门。以独立经营的“分娩中心”为例，这种机构往往由一群产科医生运营，与美国医院的产房竞争。

互联网出现之前很久，英国创建了“开放大学”，允许学生无须进入教室或听讲座就能够接受大学教育并获得学位。

确定无疑的是，未来企业的类型将多种多样，而不是只有少数几种。现代企业是在美国、德国、日本同时（1870 年前后）且相互独立发明的。当时，企业完全是一种新事物，与数千年来人们习以为常的“经济企业”（规模小、私人拥有、个人经营的企业）等经济组织没有任何相似之处。迟至 1832 年，英国的《麦克莱恩报告》（McLane Report，第一次企业统计调查报告）发现，几乎所有企业都是私有的，并且员工少于 10 人。唯一的例外是准政府组织，如英格兰银行[一]或英国东印度公司[二]。40 年后，一种拥有数千名

[一] 英格兰银行（Bank of England），英国中央银行，1694 年以私营方式成立，1946 年被收归国有，1997 年成为独立的公共机构，政府全资所有但可独立制定货币政策。——译者注

[二] 英国东印度公司（East India Company），1600 年底根据英国女王伊丽莎白一世的特许状成立，对印度的贸易进行达两个世纪的垄断，逐步成为印度的实际主宰者，1874 年初最终解散。——译者注

员工的新型组织出现了，如美国的铁路公司、德国的德意志银行。

企业无论在何处，都具有一定的国家特色，适应各国不同的法律规则。此外，各国的大型企业与所有者管理的小型企业往往采取截然不同的经营方式。不同行业的企业在文化、价值观、言论等方面存在实质性差异。各国的银行非常相似，零售商、制造商同样如此，但各国的银行都不同于零售商和制造商。然而除此之外，各国企业之间的差异更多是表面的，而不是实质的。现代社会的所有其他组织同样如此，包括政府机构、军队、医院、大学，等等。

上述趋势在 1970 年左右出现了逆转，先是养老基金和共同基金等新的机构投资者成为新的所有者，接着更具决定性意义的是，知识工作者成为经济的主要新资源和社会的代表性阶层，结果导致企业发生了根本性变化。

新社会中的银行看起来仍然不会像医院，也不会像医院那样经营。但不同银行之间可能会出现非常大的区别，这取决于各自如何应对劳动力、技术、市场的变化。大量不同的模式可能会涌现，尤其是在组织和结构方面，但也可能是在赞誉和奖励方面。

同一个法律实体（如企业、政府机构、大型非营利组织）可能包含若干相互关联的不同组织，它们各自的管理是分开的、互不相同的。

其中一种可能是由全职雇员构成的传统组织。

然而，也可能出现一种联系密切但管理分开的人类组织，主要由老年人构成，他们不是雇员，而是同伴。还可能出现一种“周边”群体，其中的人为某个组织工作，甚至全职工作，但他们是某家外包商的雇员而非制造商的正式员工。这些人与其工作所在的组织没有人事关系，所以后者无法控制他们。他们可能不一定需要被“管理”，但必须富有成效。因此，他们必须被安排在自身的专业知识能够做出最大贡献的岗位。尽管现在几乎人人都在谈论“知识管理”，但没人真正知道该怎么做。

同样重要的是，组织中的每一类人都必须得到满足。吸引并留住人才将成为人员管理的中心任务。我们已经知道无效的方式，那就是贿赂。在过去的 10 ～ 15 年中，许多美国企业都用奖金或股票期权来吸引并留住知识工作者。这种做法总会失败。

正如一句老话所言：“你雇用的不只是一双手，而是完整的人。”并且，你也不能仅仅雇用一名男士，他还有妻子。然而，当利润下降导致奖金削减或股价下跌使期权贬值时，雇员的妻子已经把这笔钱花掉了。此时，雇员及妻子都会感到痛苦和被背叛。

当然，知识工作者需要获得满意的薪酬，因为对收入和福利的不满是一种强烈的抑制因素。

然而，激励因素与此不同。对知识工作者的管理应该立足于下述假设：企业更需要知识工作者，而不是相反。知识工作者知道他们能够跳槽。他们既能够流动又高度自信。这意味着他们必须被作为志愿者来对待和管理，如同对待为非营利组织工作的志愿者一样。首先，知识工作者想要了解的是，自己服务的企业正在努力做什么，将走向何方。其次，知识工作者的兴趣在于个人成就和个人责任，这意味着他们必须被安排到合适的岗位上。知识工作者希望持续学习，并获得持续培训。最重要的是，他们希望得到尊重——不是由于他们自己，而是因为他们的知识领域。在这方面，知识工作者已经超越了传统工人，尽管传统工人最近越来越期望参与决策（在过去常常期望被告知做什么）。相比之下，知识工作者期望在自己的专业领域做决策。

80 年前，通用汽车公司最先发展了组织理念和组织结构，当今各国的大型企业都有赖于此。通用汽车公司还提出了一种独特的最高管理理念。现在，通用汽车公司正尝试一系列新组织模式，已经从依靠所有权控制而整合在一起的单一公司，转变为通过管理控制而集合在一起的群体，且通常仅持有少数股权。现如今，通用汽车公司掌握着菲亚特公司[一]（历史最悠久、规模最庞大的汽车制造商之一）的控股权，但并不拥有该公司。通用汽车公司还控制着瑞典的萨博汽车公司[二]以及两家较小的日本汽车制造商铃木[三]和五十铃[四]。

与此同时，通用汽车公司剥离了大部分制造业务，成立了独立的德尔福汽车公司[五]，其零部件制造成本占汽车总生产成本的 60% ～ 70%。今后，通用汽车公司将不再拥有或起码控制零部件供应商，而是会通过拍卖和互联网购买所需的零部件。通用汽车公司与美国的竞争对手福特和戴姆勒·克莱斯勒联合创建了一家独立的采购合作社，该合作社将通过所有渠道为成员提供最佳交易，且所有其他汽车制造商都已经被邀请加入。通用汽车公司仍将设计汽车、制造引擎、组装汽车，并且仍然会通过经销商网络销售汽车，但除了销售自己的汽车，通用汽车公司还意图成为最终消费者的中间商和采购员，为消费者找到合适的汽车，而不管汽车来自哪家厂商。

通用汽车公司仍然是世界上规模最大的汽车制造商，但在过去的 20 年中，丰田汽车公司是最成功的汽车制造商。与通用汽车公司一样，丰田也致力于打造一个全球性集团，但不同之处在于，丰田围绕在制造领域的核心竞争力来组织该集团。丰田汽车公司正在摆脱拥有多家零部件供应商的局面，最终目标是任何一种零部件的供应商都不超过两家。这些供应商将是独立企

㊀ 菲亚特公司（Fiat），意大利企业，1899 年由乔瓦尼·阿涅利等人创建于都灵，曾长期占据欧洲汽车制造行业的头把交椅。——译者注

㊁ 萨博汽车公司（Saab），瑞典汽车制造商，1945 年由瑞典航空企业萨博集团成立，以绿色技术、安全技术和涡轮增压技术等见长。——译者注

㊂ 铃木公司（Suzuki），日本汽车、摩托车制造商，1920 年成立，主要致力于轻型车领域。——译者注

㊃ 五十铃公司（Isuzu），日本汽车制造商，1916 年成立，主要致力于商用车辆和柴油发动机领域。——译者注

㊄ 德尔福汽车公司（Delphi），世界最大的汽车零部件制造商之一，1994 年成立，总部位于英国。——译者注

业，并非由丰田所有，但丰田实际上将为它们运营制造业务。只有同意接受丰田制造咨询专业机构的检查和建议，供应商才能获得丰田的业务，并且丰田还将负责它们的大部分设计工作。

这并不是一种新做法。西尔斯公司[一]在 20 世纪二三十年代曾对供应商采取过同样的做法。英国的玛莎百货公司[二]尽管现在身陷困境，但 50 年来一直是世界上最成功的零售商，主要通过对供应商的有效控制来保持领先地位。日本有传言称，丰田打算最终向那些非汽车企业推销自己的制造咨询业务，从而把在制造业领域的核心竞争力转变为一项独立的重要业务。

欧洲一家大型品牌制造商和包装消费品制造商正在探索另一种做法。该公司约 60% 的产品通过 150 家零售连锁店销往发达国家，为此管理层计划建立一个全球性网站，可以直接接受所有国家消费者的订单，这些订单可以在离消费者最近的零售店取货，也可以由零售店送货上门。但真正的创新之处在于，该网站还将接受购买其他企业（尤其是小企业）非竞争性包装消费品和品牌消费品的订单。

小企业往往难以把自己的产品放到日益拥挤的超市货架上。这家跨国公司的网站有助于它们直接与消费者接触，并通过一家知名的大型零售商送货上门。对于该跨国公司和零售商而言，这样做的回报是双方都能够获得可观的佣金，且无须投入任何资金——既没有风险，也不会由于商品销售缓慢而浪费货架空间。

这方面已经有了大量具体的做法：前文提及的美国合同制造商，现在为 6 家相互竞争的日本消费电子企业制造产品；独立的专业人员为相互竞争的

[一] 西尔斯公司（Sears Roebuck），美国零售企业，1892 年由理查德·西尔斯和阿尔瓦·罗巴克创立。——译者注

[二] 玛莎百货公司（Marks & Spencer），英国零售企业，1884 年由马科斯和斯宾塞创立。——译者注

信息硬件产品制造商设计软件；还有独立的专业人员为相互竞争的美国银行设计信用卡，并经常为银行推销和清算信用卡。银行所做的只是提供资金支持。

上述方法无论相互之间存在多大差异，都仍然以传统企业作为出发点。但也有若干新做法完全脱离了传统企业模式。一个例子是由欧盟多家相互不存在竞争关系的制造商开展的“辛迪加”[⊖]试验，其中每家企业都是中等规模的、家族所有的、所有者亲自管理的公司，并且都是某个高度专业的产品领域的领导者。

该“辛迪加”中的每家企业都高度依赖出口，都意图保持独立，继续独立设计产品，还将继续在自己的工厂为各自主要的市场制造并销售产品。但在其他市场（尤其是新兴市场或欠发达市场）上，辛迪加将统一安排产品的制造，要么在辛迪加所有的为几家成员企业生产产品的工厂中生产，要么由当地的合同制造商生产。辛迪加将负责所有成员产品的交付，并在所有市场为成员提供服务。每个成员将拥有辛迪加的部分股份，而辛迪加也将拥有每个成员的小部分股份。

没错，这看起来有点眼熟。这种模式与19世纪的农民合作社别无二致。

随着企业向邦联或辛迪加发展，企业将越来越需要一个独立的、强大的、负责任的**最高管理层**。最高管理层将负责：整个组织的方向、规划、战略、价值与原则；整个组织的结构、成员之间的关系；整个组织的联盟、伙伴关系、合资企业；整个组织的研究、设计与创新。最高管理层将不得不负责管理企业所有部门的两种共同资源：关键人才和资金。最高管理层将对外代表企业，并维持与政府、公众、媒体、工会的关系，但最高管理层将不参与具体“运营”。

⊖ 辛迪加（syndicate），由个人、企业或实体构成的自组织团体，旨在进行某些交易或追求共同利益。——译者注

新社会的企业中，最高管理层的一项重要任务是平衡企业的三个维度：作为一个经济组织；作为一个人类组织；作为一个越来越重要的社会组织。过去半个世纪发展起来的三种企业模式中，每种都强调其中一个维度，并使另外两个维度服从该维度。德国的社会市场经济㊀模式强调社会组织维度，日本强调人类组织维度，美国（“股东主权”）强调经济组织维度。

三种模式中的每一种都并非完美无缺。德国模式取得了经济成功和社会稳定，但代价是高失业率和危险的劳动力市场僵化。日本模式在 20 年里取得了辉煌成功，在面临第一次重大挑战时却步履蹒跚。事实上，该模式已成为日本走出当前衰退的一个主要障碍。股东主权也必将陷入困境。这是一种只有在经济繁荣时期才有效的“顺境模式”。显然，企业只有作为一个经济组织兴旺发达，才能发挥人类组织功能和社会组织功能。但现在知识工作者正成为关键雇员，企业只有成为理想雇主，才能取得成功。

至关重要的是，商业利益绝对至上的主张（使得股东主权成为可能）也凸显了企业社会功能的重要性。20 世纪六七十年代以来出现的新型股东造就了股东主权，但这些股东并非“资本家”，而是普通雇员，他们通过自己的养老基金和退休基金持有企业的股份。到 2000 年，养老基金和共同基金已经掌握了美国大型企业的多数股本。这赋予股东要求短期回报的权力，但对无风险的退休收入的需求使他们越来越重视投资的未来价值。因此，作为退休福利的提供者，企业将不得不同时关注短期业务成果和长期绩效。两者并非不可调和，但因指向不同，必须加以平衡。

在过去的一二十年中，对一家大型企业的管理已经发生了翻天覆地的变化。这就解释了为什么会出现“超人首席执行官”，如通用电气公司的杰

㊀ 社会市场经济（social market economy），一种结合了自由市场资本主义和社会政策的经济模式，1949 年由阿登纳在德国推广和实施，构建了市场内部的公平竞争和福利国家。——译者注

克·韦尔奇、英特尔公司的安迪·格鲁夫、花旗银行的桑福德·威尔[一]。

但组织不能依靠超人运营。超人既不可预测，又可遇而不可得。只有被能力出众、认真负责之人运营，组织才能生存。如今，大型组织的最高管理层需要超人，这清楚地表明最高管理层正面临危机。

近些年美国大型企业首席执行官的失败率也揭示了同样的问题。过去10年内，这些大型企业聘请的首席执行官中有很大一部分人在一两年内就因遭遇失败而被解聘。

但这些人当初都因公认的能力而被选中，且每个人在以前的工作中都非常成功。这表明，他们新承担的工作岗位已经变得难以胜任。美国的记录显示，这并非人为失误，而是系统失败。大型组织的最高管理层需要一种新理念。

这种新理念的若干要素正开始显现。例如，通用电气公司的杰克·韦尔奇组建了一个最高管理团队，其中首席财务官、首席人力资源官与首席执行官地位相当，并且前两者都不是最高职位的继任者。韦尔奇还给自己以及团队规定了明确的、公开的优先任务，以便集中精力。在担任首席执行官的20年时间内，他先后提出三项优先任务，且每项都持续了5年甚至更久。每次韦尔奇都把其他一切事务委托给通用电气邦联内部负责业务运营的最高管理层成员。

瑞典–瑞士大型跨国工程企业ABB[二]采取了一套不同的方法。2000年初退休的首席执行官林达尔[三]甚至比韦尔奇走得更远，他把该公司内部的各单元变成独立的全球性业务，组建了一个由几名非运营人员构成的强势的最

[一] 桑福德·威尔（Sanford Weil，1933—），美国金融家、慈善家，先后担任花旗银行首席执行官和董事长。——译者注

[二] ABB，全球最大的工程公司之一，1988年成立，总部位于瑞士苏黎世。——译者注

[三] 林达尔（Goran Lindahl，1924—2015），1997～2000年担任ABB首席执行官。——译者注

高管理团队。他给自己定义的新角色是，作为公司内由一个人构成的信息系统，他不断地亲自向所有高级管理人员了解情况，倾听他们的意见，告诉他们公司内部正在发生的事情。

一家大型金融服务企业尝试了另一种做法：任命 6 位而不是 1 位首席执行官。5 位运营业务部门的负责人同时担任企业某个最高管理领域的首席执行官，如规划、战略、人力资源等。企业董事长对外代表企业，并直接参与资本的获取、分配与管理。这 6 人作为最高管理委员会成员每周开会两次。该做法似乎效果不错，但这只是由于 5 名运营首席执行官中没人想获得董事长职位，也就是他们都更喜欢待在运营部门。即使设计了该体系并随后担任董事长职务的人，也怀疑自己离任后该体系能否延续。

上述所有企业的最高管理层都在以不同的方式尝试做相同的事情：塑造各自组织的独特个性。

这很可能是新社会中大型组织最高管理层最重要的任务。第二次世界大战后的半个世纪以来，企业出色地证明其作为经济机构（即财富和就业的创造因素）取得了成功。在新社会中，大型企业（尤其是跨国企业）面临的最大挑战可能是证明自身作为社会机构的正当性（涉及价值、使命、愿景等）。实际上，新社会中最高管理层将越来越成为企业本身，其他一切业务皆可外包。

企业能够幸存吗？可以，但也好不到哪里去。类似于企业的某种组织将不得不协调新社会的经济资源。在法律层面（甚至在财务层面），这种组织看起来与当今的企业别无二致，但这种组织不再呈现为会被所有人接受的一种模式，而是具有多种可选模式。

新社会尚未完全来临，但未雨绸缪，我们已经可以在下列领域采取相应的举措。

（1）**未来的企业**。组织（包括大学等大量非企业机构）应着手试行新模式，进行若干试点研究，尤其是与联盟、伙伴、合资企业开展合作，并构建新的最高管理架构，确立新的最高管理任务。地理和产品多元化，且需要在集权与分权之间保持平衡的跨国企业，也需要一种新模式。

（2）**关于人的政策**。在几乎所有组织中，对人员进行管理的方式都假定劳动力仍然主要由受雇为组织工作的人构成，这些人全职工作，直到被解雇、辞职、退休或死亡。然而在许多组织中，已有高达2/5的工作人员不再是雇员，从事的也不是全职工作。

当今的人力资源管理者仍然假定，最受欢迎且成本最低的雇员是年轻员工。一直以来，各国的老年员工（尤其是美国的老年管理者和专业人员）都被迫提前退休，以给被认为成本更低或掌握更多新技能的年轻人腾出位置。这种做法的效果并不好。两年后，每位雇员的平均薪资可能就会回到老年员工退休前的水平，甚至更高。领薪雇员的数量增速似乎至少与生产或销售的增速一样快，这意味着新雇用的年轻员工并不比老年员工更富有成效。无论如何，人口结构的变化将导致当前的政策越来越弄巧成拙，成本越来越高。

对关于人的政策的第一项要求是，涵盖所有为该组织服务的人（无论是否为组织的正式员工）。毕竟，所有人的绩效都不可或缺。关于这个问题，迄今为止似乎没人设计出令人满意的解决方案。第二项要求是，组织必须吸引、留住并培养富有成效的人，他们或者已达到法定退休年龄，或者已成为独立外部承包商，或者无法作为全职的永久雇员。例如，高技能和受过良好教育的人，与其退休，不如保留与组织的关系，将自己转变为长期性的“内部局外人”，为组织保留自己的技能和知识，同时获得自己所期望的和能承受的灵活性与自由。

这方面已经存在一种模式，该模式来自学界而非商界，即荣誉退休教授制度。具体而言，这些人已经腾出了位置，且不再领取薪资。他们可以自由选择自己的教学量，且根据工作量获得相应的报酬。许多荣誉退休者确实已经退休了，但或许有一半人继续从事兼职教学工作，也有许多人继续全职开展研究工作。

企业中的高级专业人员可能比较适合采用类似的模式。面向法律税收部门、研发部门、参谋顾问部门中最高级别的老年人员，一家美国大型企业最近试行了类似的安排。但对于在销售或制造等部门中从事运营工作的人而言，需要开发一些不同的模式。

> （3）**外部信息**。在一定程度上，相较于以前的情况，信息革命导致管理层更加不了解组织的现状。毫无疑问，管理层掌握了更多数据，但信息技术提供的大部分数据都是关于企业内部事务的。对组织机构带来影响的最重要变化可能来自外部，现有的信息系统对此往往无能为力。

一个原因是有关外部世界的信息往往不能以计算机可用的形式获得。这类信息往往散乱无序，并且没有被量化。这就是为什么信息技术人员及其高管客户往往把外部信息蔑称为“传闻”。此外，有太多管理者错误地认为，他们有生以来熟悉的社会将永远保持不变。

现如今，许多外部信息可以通过互联网获得。虽然网上信息仍然散乱无序，但下述事项已经可以做到：询问管理层需要何种外部信息，并将其作为构建合适的信息系统（用来收集外部相关信息）的第一步。

> （4）**变革推动者**。为了生存并取得成功，每个组织都必须成为

变革推动者。管理变革最卓有成效的方法是创造变革。经验表明，把创新嫁接到传统组织是行不通的。组织必须成为变革推动者。这就要求组织有序地放弃那些过时的或者不成功的业务，并且有序地持续改进（日本人称为“改善”）组织的每种产品、服务与流程。“持续改进”要求开发利用已有的成功（尤其是意料之外的、计划之外的成功），还要求进行系统性创新。转型为变革推动者的关键在于改变整个组织的思维方式，不再把变革视为一种威胁，而是视为一种机遇。

我们尚未意识到的未来趋势和事件呢？如果说有一件事是可以有把握预测的，那就是未来会以意想不到的方式来临。

以信息革命为例。关于信息革命，几乎人人都确信两点：第一，信息革命正以前所未有的速度推进；第二，信息革命造成的影响将比以往任何事件都更加深刻。

这两点都是错误的。无论在速度方面还是影响方面，信息革命都与200年来的两次转型惊人地相似，这两次转型分别为18世纪末19世纪初的第一次工业革命和19世纪后期的第二次工业革命。

18世纪70年代中期詹姆斯·瓦特[㊀]改良的蒸汽机引发了第一次工业革命，对西方人的想象力立刻产生了巨大影响，但直到1829年铁路被发明，以及再过10年邮资预付邮政服务和电报被发明后，第一次工业革命才带来广泛的社会和经济变革。同样，20世纪40年代中期发明的计算机相当于信息革命版的蒸汽机，刺激了人们的想象力，但直到40年后的20世纪90年代，随着互联网的普及，信息革命才开始带来重大的社会和经济变革。

㊀ 瓦特（James Watt，1736—1819），英国发明家、机械工程师，改良了蒸汽机，奠定了工业革命的基础。——译者注

现如今，收入和财富的不平等加剧以及比尔·盖茨等“超级富豪”的出现，让人们感到困惑和震惊。然而，两次工业革命表现出的特征同样是不平等加剧（突然且令人费解）和当时超级富豪的出现。从与自身所处的时代和国家的平均收入与平均财富相比较的富裕程度来看，显然早期超级富豪的富裕程度远远超过比尔·盖茨。

这些相似之处非常接近，令人感到震惊，使人们几乎可以确定，就像先前的工业革命一样，信息革命对新社会的主要影响仍在未来。19 世纪第一次和第二次工业革命后的数十年，是 16 世纪以来在新制度和新理论创设方面最具创造性和最富有成果的时期。第一次工业革命把工厂变为社会财富的核心生产组织和主要创造者。自 1000 多年前身穿盔甲的骑士阶层出现以来，工厂工人成为第一个新出现的社会阶层。

1810 年后，罗斯柴尔德家族[一]成为世界金融霸主，不仅开设了首家投资银行，而且创办了自 15 世纪的汉萨同盟和美第奇家族[二]兴起以来的第一家跨国企业。第一次工业革命孕育了许多新事物，包括知识产权、股份公司、有限责任、工会、合作社、理工大学、日报等。第二次工业革命孕育了现代公务员制度、现代企业、商业银行、商学院、女性在家庭外的第一份非体力工作等。

两次工业革命也孕育了新理论和新意识形态。《共产党宣言》是对第一次工业革命的回应；俾斯麦的福利国家、英国的费边主义[三]、美国的商业规制等政治理论都是对第二次工业革命的回应，共同塑造了 20 世纪的民主政

㊀ 罗斯柴尔德家族（Rothschilds），19 世纪欧洲著名的银行家族，业务遍布伦敦、巴黎、法兰克福、维也纳和那不勒斯等地区。——译者注

㊁ 美第奇家族（Medici），15 ～ 18 世纪在欧洲拥有巨大声望的家族，主要从事银行业务，后其影响力逐渐扩大至政治、宗教领域。——译者注

㊂ 费边主义（Fabian），英国政治流派，主张通过政府渐进改革实践民主原则，直接影响了英国工党的成立和发展。——译者注

体。泰勒式科学管理（始于 1881 年）及其掀起的生产率革命也是对第二次工业革命的回应。数年后专业管理的出现同样如此。

自信息革命以来，我们再次看到了新制度和新理论的产生。新经济区域（欧盟、北美自由贸易区、拟议中的美洲自由贸易区）既不是传统的自由贸易区，又不是传统的贸易保护区。它们试图在两极之间保持平衡，一极是民族国家的经济主权，另一极是超越国家层面的经济决策。同样，当前主宰全球金融业的花旗集团、高盛、巴林银行都没有真正的先例。它们不是跨国企业，而是超越国家的企业。

这些银行交易的资金几乎完全不受任何国家政府或中央银行控制。

人们越来越认可约瑟夫·熊彼特的观点："动态不平衡"是经济的唯一稳定状态；创新者的"创造性破坏"是经济的驱动因素；新技术是经济变革的主要（甚至唯一）推动力。这与所有早期和至今仍然流行的经济理论都截然相反。那些经济理论的基础是：均衡是健康经济的标准；货币和财政政策是现代经济的驱动因素；技术是经济的"外部因素"。

所有这些都表明，最重大的变革几乎可以确定仍在未来。我们还可以确定，2030 年的社会将与现在截然不同：不符合现在最受欢迎的未来学家的预测，并将不会被信息技术主导，甚至不会被信息技术塑造。毫无疑问，信息技术非常重要，但其仅仅是若干重要的新技术之一。如同之前的社会，新社会的核心要素在于新制度、新理论、新意识形态与新问题。